U0156332

智能革命

THE INTELLIGENCE REVOLUTION:

用人工智能转型业务模式

TRANSFORMING YOUR BUSINESS WITH AI

[英] 伯纳德 · 马尔（Bernard Marr）——著
王亚江　王彻——译

清華大學出版社
北　京

内 容 简 介

人工智能（AI）作为商业发展的新动力，早已不再是科幻小说世界里的专有名词，它已经渗透到主流社会当中。我们都知道无人驾驶汽车、自动化生产线和聊天机器人，但要如何确保你的业务能够通过人工智能的帮助获得持续发展？畅销书作家和战略大师伯纳德·马尔在这里所展示的人工智能非常适用于你的业务，同时他还详尽讲解了如何设计一套人工智能战略，以保证企业业务模式的成功转型。

通过指导智能产品、服务和工作流程，本书阐明了新技术如何影响客户体验、产品和服务设计以及工作效率。此外，伯纳德·马尔还为我们提供了一些有趣的企业案例研究，这些企业擅长挖掘人工智能的最大潜力，如 Netflix、Autodesk、迪士尼、劳斯莱斯和亚马逊。

本书既可作为想要借助人工智能实现企业业务模式转型的企业领导者的行动指南，也可作为想要在未来人工智能浪潮中茁壮成长的管理者、从事企业人工智能转型的技术人员，以及所有对人工智能感兴趣的读者的参考用书。

北京市版权局著作权合同登记号 图字：01-2021-2895
The Intelligence Revolution: Transforming Your Business with AI/by Bernard Marr, 2020.
This translation of The Intelligence Revolution is published by arrangement with Kogan Page.

图书在版编目（CIP）数据

智能革命：用人工智能转型业务模式/(英)伯纳德·马尔(Bernard Marr)著；王亚江，王彻译. —北京：清华大学出版社，2021.9
书名原文：The Intelligence Revolution:Transforming Your Business with AI
ISBN 978-7-302-58181-9

Ⅰ. ①智… Ⅱ. ①伯… ②王… ③王… Ⅲ. ①人工智能—研究 Ⅳ. ①TP18

中国版本图书馆 CIP 数据核字(2021)第 094624 号

责任编辑：杜春杰
封面设计：刘 超
版式设计：文森时代
责任校对：马军令
责任印制：沈 露

出版发行：清华大学出版社
网 址：http://www.tup.com.cn，http://www.wqbook.com
地 址：北京清华大学学研大厦 A 座 邮 编：100084
社 总 机：010-62770175 邮 购：010-62786544
投稿与读者服务：010-62776969，c-service@tup.tsinghua.edu.cn
质 量 反 馈：010-62772015，zhiliang@tup.tsinghua.edu.cn
印 装 者：三河市少明印务有限公司
经 销：全国新华书店
开 本：170mm×230mm 印 张：16.75 字 数：179 千字
版 次：2021 年 9 月第 1 版 印 次：2021 年 9 月第 1 次印刷
定 价：59.90 元

产品编号：088338-01

谨献给

我的妻子克莱尔，

我们的孩子索菲娅、詹姆斯和奥利弗，

以及所有利用智能革命使我们的世界变得更加美好的人们。

译者序

PREFACE

本书是国际畅销书作家、英国未来学者伯纳德·马尔（Bernard Marr）的又一力作。对于想要借助人工智能实现业务模式真正转型的企业领导者来说，本书可作为一本全面指南。

人类历史先后经历了以蒸汽力和水力为代表的第一次工业革命，以电力和装配生产线为代表的第二次工业革命和以计算机为代表的第三次工业革命。如今，我们正快速进入以大数据和人工智能为代表的第四次工业革命——人工智能革命。和前三次工业革命一样，人工智能革命将极大地改变我们所熟知的生活。

简而言之，人工智能可以描述为机器具有的智能行动的能力，和直到最近才具有的像人类一样“思考”的能力。人工智能正在赋予机器（无论是计算机、机器人，还是其他设备）看、听、尝、嗅、触、说、走甚至飞的能力。从数据中自我学习的能力带来了近年来人工智能的巨大飞跃，借助人工智能，机器可以根据自己所学的知识来解释周围的世界，做出决策并采取行动。

在这场智能革命的洪流中，每个行业，甚至是世界上最古老的行业，都正在经历着巨大的变革。人工智能正在推动一场新的智能革命，它将彻底改变我们这个世界。

从大型跨国公司到小型本地企业，要想生存和发展，都必须为这场智能革命做好准备。本书从智能革命的技术背景、人工智能在企业中的应用，以及与人工智能技术相关的关键因素等方面，解释了人工智能将如何影响企业的未来，并阐明了企业为更好地使用人工智能而应该做出的准备工作有哪些。

作者同时强调，一方面智能革命为我们提供了一个巨大的机会，它能让我们的世界变得更加美好，并可帮助我们应对某些最为紧迫的挑战；但另一方面，作者也指出利用和滥用这项技术的空间很大，人类应发挥智能革命向善的力量，最大限度地抑制其被滥用作恶。

本书没有对人工智能进行炒作，而是呈现了大量经过充分研究的商业案例。作者以简单易懂的概念揭开了人工智能的神秘面纱，既为企业针对业务模式的转型提供了一套富有前瞻性的实用建议，又为企业如何在第四次工业革命中拥抱和整合人工智能提供了一份战略性解决方案，可谓是一本未来企业领导者的必读之书。

由于人工智能的发展日新月异，时刻都在涌现新的术语和技术，限于译者水平，译文难免有不够准确之处，还望广大读者批评指正。

王亚江
2021 年 6 月于河北大学

目录

CONTENTS

第1部分　为智能革命设置场景

第2部分　企业中的人工智能

第 3 部分 为智能革命做好准备

第 1 部分　为智能革命设置场景

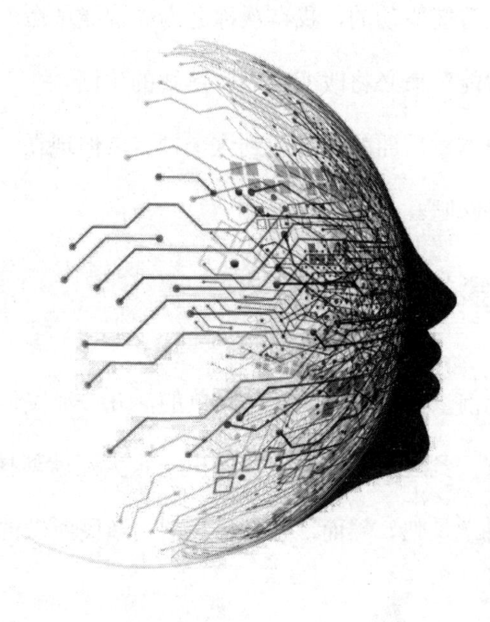

01　AI的变革性影响

从金枪鱼捕捞开启一本关于人工智能（AI）的书似乎有些稀奇。关于人工智能以及当今世界正在发生的令人难以置信的变化，作为世界上最古老行业之一的商业捕鱼，它能够告诉我们什么呢？

答案是：能够告诉我们一切。

对我来说，商业捕鱼是智能革命将如何影响每个行业内的每个企业的完美例证。众所周知的第四次工业革命（第一次工业革命是蒸汽力/水力，第二次工业革命是电力和装配生产线，第三次工业革命是计算机），它是由大数据和人工智能驱动的，我喜欢称之为“智能革命”与之前的三次工业革命一样，智能革命必将改变我们所熟知的生活。

我们将在本章后面的部分回到这个预言。但现在，就让我们先从金枪鱼捕捞开始讲起吧。

金枪鱼捕捞业的演变

几个世纪前，捕捞金枪鱼是件简单的活儿。渔民们启航前往金枪鱼通常出没的地方，到达后，那些渔民撒出一张大网就能捕到很多鱼。

不是很科学是吧？然而，它是科学的。渔民所做的一切都是基于代代相传的“信息”——这是谈到“数据”时可以使用的一个不那么花哨的词。他们只会在知道自己最有可能捕到大鱼的地方进行捕捞，他们会用星星和地标作为导航，会评估风和天气状况，并根据他们所知道的信息做出判断。

几百年来，这种捕捞方式非常有效，当然，仅是大多数时候有效。例如，天体导航虽然很好，但在多云的夜晚就没什么用处了；如果没有准确的天气预报，风暴可能会对船只造成严重破坏，甚至造成人员伤亡；还有一些时候，鱼会离开它们常待的地方。

捕鱼变得更加智能

如今的金枪鱼捕捞作业完全不同，船只配备了现代导航工具（如GPS），并且不断收到有关天气状况以及海浪强度的准确更新。依靠这些数据，航行变得更加顺畅、安全，并且可以根据变化的天气条件或鱼的位置来不断调整航线。

随着鱼类资源的枯竭，商业捕鱼业不得不在寻找鱼类方面多下功夫。通过卫星跟踪，现代金枪鱼捕捞船只可以准确知道金枪鱼在哪里。当渔民捕捉到一条金枪鱼幼鱼觉得太小而不值得带回时，他们不是立即把它扔回船外，而是先在它的鳍上安装一个小型的跟踪芯片再放回水里。金枪鱼的所有时间都在鱼群里，所以如果您有能力追踪一条鱼，您就可以有效地追踪到整个鱼群。使用这样的技术，渔民比以往任何时候都能更容易找到最好的鱼群。此外，船上还配备了声呐来测量水面下鱼类的密度，只有当渔船处于最佳位置，且鱼群密度达到理想值时，渔民才会最终放下渔网或鱼线，从而确保他们能够捕获到尽可能多的鱼。

回到坚实的陆地上，海鲜生产商也变得更加智能。例如，得益于区块链技术，大黄蜂金枪鱼品牌的消费者很快就能确切地知道他们吃的鱼来自何处，以及这些鱼有多新鲜，区块链技术可用于创建一个安全、透明的账本，详细说明供应链的方方面面。

500 年前的渔民几乎认不出这个行业现在的样子，金枪鱼捕捞已经被科技所改变，它正在经历一场智能革命，而行业转型才刚刚开始。

渔业的未来

渔船将会变得更加智能化，拥有更强大的能力追踪鱼类、监测天气和海况、导航，并能在鱼群最密集的地方停船作业，再加上现代海洋技术，包括无人舰船，20 年甚至 10 年后的金枪鱼捕捞可能与今天又大不相同。未来的渔船可能是完全自动化的，利用机器人技术和人工智能，在无人驾驶的情况下航行和捕鱼——这意味着渔船可以在外停留更长时间，并可以在更危险的水域航行。这些无人驾驶舰船并不是一种臆想，劳斯莱斯已经在与自动驾驶汽车领域的先锋谷歌合作，开发出自主舰船，人们有望在不久后的未来看到第一艘完全自主的舰船启航。

在自主舰船之后，下一步是什么？可能科学家会在实验室里养殖鱼类，并根据顾客的口味和营养需求进行个性化定制；也许我们会在家里 3D

打印金枪鱼刺身。这并不像听起来那么牵强，尤其是科学家已经能够在实验室里培育出肉的时候。

我不能肯定未来渔业是个什么样子，也不清楚海鲜生产商的店铺里会有什么，但有一点是肯定的，那就是渔业将会变得更加智能化。

导入智能革命

为什么要从金枪鱼开始本章的介绍呢？不是因为我对金枪鱼刺身着迷（虽然我很喜欢），而是因为在当今超智能、数据驱动的世界，每个行业，甚至是世界上最古老的行业，都在经历着巨大的变化。人工智能正在推动一场新的智能革命，它将彻底改变我们的世界。因此，每一家企业都必须找到自己的“现代版金枪鱼捕鱼导航工具”。

没有一个行业是不受影响的

要想生存和发展，您的企业必须变得更加“聪明”，无论您是在一个显而易见的现代行业，如科技行业，还是在一个传统的行业，如渔业，这一点都是一样的；不管您经营的是全球公司，还是小型初创企业，这都是事实。

例如，农业正在经历一场与渔业类似的革命，利用技术更智能地规划种植何种作物、在哪里以及何时种植，以便最大限度地提高作物产量，经营更高效的农场；制造业这一看似传统的行业，也正日益受到机器人、自动化和其他进步的驱动；在医疗保健领域，大数据和人工智能工具正在帮助医疗保健提供者监测患者的健康状况、预测某些状况，并提供更高标准的护理；在零售业，公司能够以一种前所未有的方式理解和联系客户。

每一个行业都经历着与渔业相似的历程，创新和变革是新的准则，那些无法适应这场智能革命的企业会有落伍的风险。想想 50 年前的传统捕鱼作业，与配置声呐、GPS 等装备齐全的现代渔船竞争，您认为哪种方法能捕到更多的鱼，运行得更安全、更高效，并在未来几年内兴旺发达？毫无疑问，是后者。

因此，是时候该重新思考我们做生意的方式了。对您的公司来说，这可能意味着重新思考创造产品并将其推向市场的方式，重新思考提供的服务，以及重新思考日常业务流程。正如我们将在本书中看到的，在某些情况下，这也可能意味着彻底重新思考整个商业模式。

未来难以想象的商业模式

许多人担心随着人类工人被机器和算法所取代，这种智能革命将使工作消失。这是一个有效的关注点，我将在本书的后面部分对此进行详细介绍。但是，人工智能和智能革命也将创造工作和企业，而且毫无疑问必将缔造全新的行业。在 10 年或 15 年后，将会诞生我们无法想象的新企业和工作机会。实际上，戴尔和未来研究所的一份报告预测，到 2030 年人类要做的工作中有 85%当前尚不存在。[1]（如果您发现这一预测难以接受，请想象一下时光倒流，访问 2005 年的自己，让那时的自己解释一下社交媒体红人、自动驾驶汽车工程师或虚拟现实设计师的概念！）

商业不是唯一会改变的事务

就像前三次工业革命一样，这场最新的革命将不仅会改变商业世界，而且会改变我们所熟知的生活。我们的世界，以及我们生活在其中的方式，将会发生永久性改变——其规模之大超出了大多数人的认知。

话虽如此，也还是有人认识到了人工智能的重要性及其对世界的影响。谷歌、亚马逊和微软等科技巨头的领导者显然就在其中（举个例子，谷歌联合创始人谢尔盖·布林（Sergey Brin）将人工智能描述为："我有生之年计算机领域最重要的发展" [2]）。如果我们把眼光放在商业之外，我们可以看到，今天的政治领导人也强调了人工智能对人类社会的深远影响。

美国唐纳德·特朗普政府的一份出版物上说："我们正处于新技术革命的边缘，这些革命几乎可以改善我们生活的方方面面。"（在巴拉克·奥巴马执政时，白宫还发表了关于人工智能战略意义的报告。）；俄罗斯总统普京将人工智能描述为："未来，不仅是俄罗斯的未来，也是全人类的未来……无论谁成为这一领域的领导者，都将成为世界的统治者。" [3]；中国目前有着到 2030 年成为世界人工智能领先者的计划。[4]

这些政治领导人都讲得很对。毕竟，人工智能已经与我们的日常生活交织在一起，我们经常在不知不觉中使用到它。每次您通过手机发送电子邮件或信息时，预测文本功能会抢先说出您想说的话，这要感谢人工智能；在家里，Alexa 能理解您的请求并聪明地做出回应，这也得益于人工智能；每次您用非接触式借记卡付款时，银行就会扫描您的交易是否存有潜在的欺诈行为，这也要归功于人工智能。

未来，我们的生活将充满更加智能的产品和人工智能驱动的服务，我们的大多数日常任务和活动都会以这样或那样的方式涉及人工智能。如，穿戴式健康追踪器将监控我们的生命体征并识别潜在疾病（谷歌甚至为马桶座圈申请了专利，它可以测量坐在它上面的人的血压）；经过一天的辛苦工作后，我们的家将能够通过舒缓的灯光和音乐来评估和响应我们的情绪；我们的汽车将能够在几乎不需要干预的情况下把我们从 A 地带到 B 地；我们的食物将在实验室生长，并根据我们的需要进行个性化处理（事实上，我相信我们的曾孙提及过去时，会惊讶于我们过去为了食物而捕杀动物，就像我的孩子对我们过去没有手机的生活感到惊讶一样）。

这些都是我们可以想象的，还有很多事情是我们无法想象的，这就是智能革命不可思议的力量。

什么是人工智能以及它为何深具变革性

在第 2 章中，我将更详细地介绍人工智能，包括其如何工作、能做什么，以及与其他技术进步的关系。

简而言之，人工智能可以描述为“机器具有的智能行动的能力和直到最近才有的像人类一样‘思考’的能力”。人工智能正在赋予机器（无论是计算机、机器人，还是其他设备）看、听、尝、嗅、触、说、走甚至飞的能力。借助人工智能，机器可以根据自己所学的知识来解释周围的世界，做出决策并采取行动。正如您将在第 2 章中看到的那样，这种从数据中学习的能力引起了近年来人工智能的巨大飞跃。

为什么人工智能会产生如此巨大的影响？一定程度上是因为当今世界上有太多可用的数据。凭借如此巨大可用的数据和计算能力的巨幅增长（这使我们能够存储和分析所有这些数据），人工智能才能够以惊人的速度前进。接下来在第 2 章中会有更多这方面的内容介绍。

同时，这也缘自人工智能不是一种孤立发展的独立技术。在以前的每一次工业革命中，变革都是由某类技术驱动的，如电力，可现在我们有这么多的技术进步在同时发生。人工智能是完美风暴的一部分，它还包括大数据、机器人技术、虚拟现实、3D 打印、云计算、量子计算等（请在第 2 章中阅读更多关于这些技术的内容）。正是所有这些技术的结合，使得第四次工业革命智能革命即人工如此富于戏剧性和影响力。

本书简介

从大型跨国公司到小型本地企业，每个企业都必须为这场智能革命做好准备。本书介绍了人工智能将如何影响企业，并阐明了如何为使用人工智能做准备。

寻找在企业中使用人工智能的方法

人工智能提供了令人兴奋的全新可能性，可以让人们智能地与客户联系，创建更智能的产品和更周到的服务，实现自动化和改进流程，最终建立更成功的企业。

各行业中各种形式和规模的公司已经正在使用人工智能以实现以下目标。

- 更好地了解客户。
- 预测客户需要什么产品或服务。
- 了解和预测市场趋势。
- 为客户提供更个性化的体验。
- 开发更加智能的产品和服务。
- 自动化关键业务流程。
- 提高运营效率。

本书为您提供了完成这些任务所需的知识和工具，以加速企业的成功，提高绩效并创建更繁荣的未来。

战略的重要性

由于人工智能的发展如此迅速而且影响深远，企业领导者可能难于知

道从哪里着手。那么，如何才能摆脱所有的炒作、困惑和恐慌，并以适合您企业的方式使用人工智能？答案在于制定一个可靠的人工智能战略。

毕竟，如果新技术不能满足企业的核心业务需求，那么对新技术进行投资又有何意义？这就是人工智能战略的全部内容——确定要使用人工智能实现的目标并制定实现这些目标的计划。

有了如此大量的可用数据，以及令人梦寐以求的新技术的不断开发，拥有人工智能战略可以确保您不会迷失在炒作中，并且可以让您像激光束一样专注于目标的实现。

本书以任何企业领导者都能理解的方式，带您了解可靠的人工智能战略要素，还有来自各个行业的创新案例。我希望这些案例既能揭开人工智能的神秘面纱，又能激励您看到智能革命的巨大潜力。

对本书的期待

本书分为以下三部分：

- 第 1 部分为智能革命设置了场景，介绍与人工智能相关的支持，以及人工智能的关键技术。
- 第 2 部分介绍人工智能在企业中的应用，其涉及三个主要领域：更智能的产品、更智能的服务和更智能的业务流程。
- 第 3 部分阐述如何通过解决与人工智能技术相关的关键考虑因素、挑战和障碍等问题，而转型成为一个更智能的企业。

关键要点

在本章中，我们了解到：

- 前三次工业革命是蒸汽、电力和计算机。现在，我们正处于第四次工业革命之中，我将它称之为“智能革命”。这场革命是由人工智能、大数据和其他相关技术推动的。
- 智能革命将改变每个行业的每个企业以及我们的日常生活，每个企业都必须为这场革命做好准备。
- 通过本书，您可以从战略上为智能革命做准备，并使用人工智能来促进企业成功。

在第 2 章中，我将更详细地定义人工智能，并将回答一个关键问题：我们如何进入智能革命？

02 我们是如何发展到智能革命的

正如我们在第 1 章中看到的，第四次工业革命（智能革命）意味着世界正在以惊人的速度发生着变化。10 年前，如果一位董事在董事会会议上提到人工智能，他们很可能会在会议室里被嘲笑。然而现在，人工智能在我们生活的许多方面都扮演着重要的角色：在线搜索、垃圾电子邮件过滤、网上银行安全检查、为下一次旅行规划路线、在约会应用程序中匹配潜在的约会日期、Alexa、Siri……人工智能的应用清单还在持续增加。我们现在所处的时代需要每个公司都开始从战略上考虑人工智能。这 10 年来世界变化很大，我们是如何快速发展到这种水平的呢？

本章中，我将带您了解今天智能机器所能做的神奇的事情，包括我们认为天生就是人类的活动（在本书中请记住，术语“机器”泛指计算机、算法、机器人、机器和设备，甚至是自动驾驶汽车）。

在深入研究当今智能机器功能的同时，您还将获得一些以前可能听说过的各种人工智能和技术术语的入门知识，但您可能从未完全理解这些术语，如机器学习（machine learning）和深度学习（deep learning）。这不是一本技术书籍，因此我将始终以简明的英文来定义这些术语。

之后我们将看一些案例，这些案例展示了现代机器的能力对现实生活的意义，最后，我会大致介绍一下人工智能的发展情况，或者更具体地说，简要介绍一下尖端人工智能技术近年来为何发展如此迅速（剧透一下：与很多数据有关）。

首先，让我们来了解一下人工智能的概念及其工作原理。

 人工智能的定义

人工智能（Artificial Intelligence）一词通常用来描述机器智能行为的能力，这意味着机器可以独立地行动和学习，而不需要被人告诉该做什么。在其最基本的形式中，人工智能只是指对数据应用的一种算法（algorithm）（解决问题的规则或计算），以便确定模式（patterns），决定下一步要做什么，甚至可能预测未来的结果。

人工智能的核心是制造能够“思考”的机器，这样的机器可以解释周围的世界，并从获得的信息中学习，根据所学改变效果，且随着时间的推移，越来越善于解释信息——就像人类一样。

从研发的角度讲，人工智能分为以下两个分支。

- 狭义的或应用型人工智能。它可以应用模拟人类思维的原理来执行特定的任务。这方面的一个例子是，计算机被教授解释病人的扫描图像，或者银行系统能够根据以前的消费模式实时检测欺诈性信用卡交易。这类人工智能是我们在本书中将重点关注的类型，

它已经在商业应用中寻找到了许多用途。

- 广义的人工智能的重点是开发智能机器。它可以像人脑一样指挥双手执行几乎任何任务。这一领域尚未应用人工智能，我们还没有达到计算机可以完全模拟人脑的程度。但是，考虑到人工智能发展得如此之快，我们可能离这一天不远了。

 机器更人性化的九种方式

作为一个在这个领域工作的人，想到人工智能现在能够做的事情，也会令我震撼。因为人工智能正以前所未有的速度发展着，今天的机器能够做我们 10 年甚至 5 年前认为不可能的事情。最重要的是，它们能够完成我们通常认为是只有独一无二的人类才能完成的任务，如阅读一本书或创作艺术作品。准备好被机器能做的事情而感到眼花缭乱吧……

机器能够读

Facebook 的 DeepText 工具只是机器现在如何读取和理解文本的一个案例。这种功能对于像 Facebook 这样的社交媒体平台至关重要。在该平台中，用户主要通过文本进行交流。DeepText 引擎旨在帮助 Facebook 挖掘所有文本，以深入了解用户在表达什么，从而使该平台可以为用户提供有趣的内容，并过滤垃圾信息或屏蔽违反 Facebook 规定的其他内容。该公司

表示，其工具每秒可以理解数千篇帖子中的文本，囊括 20 多种语言，几乎可以达到人类理解的准确度。它还可以处理俚语和成语。

DeepText 的工作得益于深度学习，这是一种先进的机器学习形式。机器学习和深度学习都是人工智能的分支学科，本质上都涉及让机器以与人类相似的方式学习，即通过解释我们周围的世界，对信息进行分类，并从成功和失败中学习。机器学习依赖于人工神经网络（artificial neural networks，ANNs），它模仿组成人脑的神经元网络（network of neurons）来进行学习。例如，当我们作为人类学习走路或写字时，我们大脑中的神经元通过反复试验学习，以特定的顺序向某些肌肉发送信号，引导我们迈出正确的脚步或书写字母。大脑中的神经元形成连接，随着我们通过经验来改进学习，连接将会随着时间而增强，这正是机器学习的工作原理。我们输入计算机程序数据，以便机器可以训练它的神经元网络。深度学习是一种前沿的机器学习方法，它就像我们的大脑一样，使用多层神经网络（multiple layers of ANNs）（因此是深层网络）来过滤信息。通过这种方式，机器的深度学习可以应用于需要“学习”的各种任务或问题。

除了阅读和理解文本外，机器还可以生成文本摘要。例如，微软已经开发出一个可以总结新闻文章的人工智能框架。这要归功于自然语言处理（natural language processing，NLP），它允许机器评估一段文本，确定关键点，并找出正在传播的信息。

机器能够写

好像自然语言处理还不够令人印象深刻，我们现在有了自然语言生成（natural language generation，NLG）——这是机器创建文本的过程。换句话说，机器不仅能够创建内容摘要，还可以在没有人工干预的情况下从头开始编写内容。

像纽约时报、福布斯、彭博社和华盛顿邮报这样的新闻机构已经在使用人工智能来生成内容。新闻协会正利用人工智能每月生成 3 万篇当地新闻文章。[5] 机器不仅适合于创建简短的内容，学术出版商 Springer 发布了一本由机器编写的书，[6]诚然，这本书听起来不像是最令人兴奋的读物（它是关于锂离子电池的），但这确实证实了机器现在能够做令人难以置信的事情。

机器能够看

您认为种植黄瓜与人工智能无关吗？再想想看。来自日本的一位年轻的创新设计师将人工智能用于帮助他的家庭农场对黄瓜进行分类。对黄瓜进行分类是一项令人吃惊的烦琐工作——必须根据大小、粗细、形状、纹理、颜色、污点等对它们进行分类。借助谷歌的 TensorFlow 深度学习技术，小池诚（Makoto Koike）已经能够自动完成这项耗时的任务。首先，系统拍摄黄瓜图片，运行快速图像分析以确认它确实是黄瓜图片。然后，

TensorFlow 神经网络对黄瓜的形状和长度进行更详细的分类。在撰写本书时，尽管该系统还无法识别颜色、纹理或划痕（所有这些都需要更高分辨率的图片和更多的计算能力）之类的东西，但是在农场一年中最繁忙的时节，TensorFlow 所做的工作无疑有助于减轻黄瓜分拣的一些负担。

这种黄瓜分类过程是通过机器视觉（machine vision）实现的（也称为计算机视觉（computer vision））——人工智能的另一个分支。机器视觉允许计算机通过“看”来分析视觉数据，然后根据所看到的做出决定。想想当今世界上有多少视觉数据，如 Instagram 图片、闭路电视监控图像、红外传感器等，这些丰富的图像数据意味着机器视觉的发展日新月异，在不到 10 年的时间里，目标识别的准确率从 50%跃升到 99%。[7]因此，机器视觉已经得到了广泛应用，包括自动驾驶车辆和面部识别软件，它也被用于医疗保健来评估扫描图像，在本章后面对此会有更多的介绍。

中国已经成为面部识别技术的世界领导者。肯德基在杭州的一个分支机构正在测试一种付款系统，该系统可以分析您的笑容以确认您的身份并通过支付宝应用程序付款，而不是使用现金或卡付款。北京地铁计划使用面部识别系统来取消对车票的要求。此外，北京的警察戴着增强现实（augmented reality，AR）眼镜，能够将所看到的面孔与国家数据库的档案照片进行对照，从而能够在街上实时发现犯罪分子。增强现实与虚拟现实（virtual reality，VR）密切相关，可尽管虚拟现实创造了完全沉浸式的计算机生成世界，但增强现实牢固地植根于现实世界中，信息和虚拟对象被实时“叠加”在现实生活的对象上。例如，使用增强现实眼镜，工程师可以查看汽车发动机，并能够看到解释性的图像和文字叠加在他所看到的发动机的任何部位。

机器能够听

继续人类感官的主题。机器现在既能够看，也能够听。如果您的家里有 Amazon Echo，您就会知道 Alexa 在辨别声音和识别语音命令方面是多么令人赞叹（至少在大多数情况下）。另一个类似的例子来自 Voicea 系统，它可以在会议中做会议记录并创建可用的摘要。

机器可以识别各种各样的声音，而不仅仅是人的声音。我最喜欢的示例之一是 ShotSpotter 的技术。该技术可以分析城市的声景，并在检测到枪声时提供实时警报，其传感器位于城市周围，以监测声波，当检测到与枪声匹配的声波时，系统可以找到位置并向执法机构报告。该系统已经在密尔沃基（Milwaukee）和波多黎各（Puerto Rico）等不同地区使用。

Neuron Soundware 的技术提供了另一个有趣的例子。这种诊断工具利用机器的听觉能力来检测机器故障的早期迹象。所以在未来，当您在开车时听到一种奇怪沉闷的噪音时，汽车本身完全有可能利用人工智能来检测这种声音，诊断出问题，并在汽车真的出故障前指引您到最近的地方进行修复（而且您永远不知道，您的机械师可能戴着增强现实眼镜来帮助他们分析和解决问题）。

机器能够说

如果您认为Alexa的说话能力令人印象深刻，那您还没见识过更为神奇的。Google Duplex可以为您提供通话服务，因此您再也不用给您的理发师或牙医打电话了。与 Google Assistant 数字虚拟助手集成后，Google Duplex使用我在本章前面提到的自然语言处理NLP和自然语言生成NLG技术，可与人类进行完全自然的对话——它可以用来通过电话预订晚餐、安排约会或为您查询。我建议您看一段视频或者听一段音频片段——这会让您感到不可思议——机器对电话另一端的人做出的聪明反应如此逼真，以至于人们根本不知道自己是在和一台机器说话。它甚至复制了人类日常语言中所有的“ums”“ahs”和“u-huhs”。在撰写本书时，Google Duplex已经可以在美国的一系列Android和iOS设备上使用，并被计划在不久的将来被推广到其他国家。

如果这听起来有点耳熟，请记住聊天机器人（chatbots）可以使用相同的自然语言处理NLP和自然语言生成NLG技术来理解问题和命令，与客户交互并以智能的方式回答查询。如今，几乎所有的企业都在使用聊天机器人工作，当我们在线或通过即时通信应用程序与公司联系时，大多数人都分不清自己是在与机器人还是在与人类客服代表互动。很快，当我们与公司对话时，同样的情况也会发生——我们是在和机器说话，还是在和人说话？我们可能分不清二者的区别。

也许更可怕的是，机器也可以使用自然语言处理 NLP 和自然语言生成 NLG 技术来克隆我们的声音。中国科技巨头百度日前透露，其 Deep Voice 软件只需 3.7 秒的音频片段就能克隆出任何人的声音，并创造出新的语音，它能够以惊人的准确度复制出说话人的口音、音调和节奏。从人工智能发展的速度来看，2017 年时 Deep Voice 需要 30 分钟的音频才能克隆出一种声音，而在短短一年内，这一时间就下降到了 3.7 秒。[8]

机器能够嗅

下一次当您停下来闻到玫瑰的香味或者对难闻的气味皱起鼻子时，请记住，机器现在也可以像人类一样检测出气味，有时甚至更快、更准确。

英国拉夫堡大学（Loughborough University）的一个研究小组正在开发一种人工智能系统，该系统可以分析人类呼吸中的化学成分，并学会识别潜在疾病。该系统使用深度学习技术“读取”呼吸中气味留下的痕迹，通过从正在接受癌症治疗的患者的呼吸样本中学习，该系统越来越善于识别呼吸中的某些化合物。例如，该系统可以识别一组与压力和疾病有关的称为醛类的化学物质，并且能够在几分钟内分析呼吸样本并发现这些化学物质——这项任务需要人类专家几个小时才能完成。

丹麦海事局目前正在使用一架无人机在丹麦海域巡逻，寻找违反排放法的船只。无人机能够“闻”到过往船只的废气，从而“嗅”出排放过多硫黄而违反法律的污染者。[9]

香水和家居香水的优雅世界也在进行人工智能驱动的变革。IBM 与香水生产商 Symrise 合作，开发了一款名为 Philyra 的人工智能系统，这个系统可以了解香水配方、筛选历史成功数据并分析整个香水行业的市场趋势，以确定模式并提出有趣的新香味组合。Symrise 计划今年将推出两款人工智能设计的香水。[10]

机器能够动

近年来，机器人技术取得了长足的进步。看看机器人专家波士顿动力公司（Boston Dynamics）制造的机器人，很明显，机器人现在比以往任何时候都能更好地模仿人类的运动，如奔跑、跳跃、绕过障碍物、拾取物体。您可能已经看过令人印象深刻的类人机器人（humanoid robots）或著名的狗形机器人（dog-like robot）Spot 的视频。

机器人动作的进步归因于强化学习（reinforcement learning），即通过积极的奖励来强化成功的行为或动作。

与学步的孩子学习如何走路一样，他们根据自己的经验调整动作，如果前一大步让他们摔倒，就采取较小的一步。机器和软件工具使用强化学习算法，根据来自环境的反馈来确定理想的行为。强化学习是机器学习的另一种类型。

根据问题的复杂程度，强化学习算法可以在需要的情况下，随着时间的推移不断地适应环境，以获得最大的长期回报。因此，与蹒跚学步的孩子一样，通过强化学习来学习走路的机器人尝试不同的方法来实现目标，以获得关于这些方法成功程度的反馈，然后进行调整，直到达到行走的目的。向前迈一大步会使机器人摔倒，因此它会调整步幅使其变小，以观察这是否是保持直立的秘诀。它通过不同的变化继续学习，最终能够学会行走。在这个例子中，奖励是保持直立状态，而惩罚是摔倒状态。根据机器人收到的动作反馈，成功的动作会得到强化。

我最近很高兴见到 Alter 3，这是机器人技术的另一个令人振奋的发展。Alter 3 通过观察其环境，并相应地更改其行动。这个“栩栩如生”的机器人在东京新国家剧院的歌剧演出中亮相时，展示了一些真正令人印象深刻的东西——能够自主地对音乐做出反应，并作为歌剧的一部分进行表演。[11]我们是在见证一个新生命形式的开始吗？10 年前，这可能看起来像科幻电影里牵强附会的情节，但今天……谁知道呢？

但是机器动作不仅与机器人有关。请记住，借助人工智能技术，自动驾驶汽车和卡车能够安全行驶，无人机也一样。还有那些看起来像巨型冰球的可爱的小型真空机器人，它们在清洁地板时也使用人工智能（包括机器视觉）来探测物体并成功绕过障碍物。

机器能够创造

很明显，现在机器可以完成许多人类才能完成的任务。但创造力是人类独有的，对吧？难道没有一台机器能与人类的想象力和创造能力相提并论吗？我认为不尽其然。

人工智能图像生成（image generation）已经实现。如果您仔细想想，这其实是机器视觉和机器解释图像能力的逻辑延伸，就像自然语言生成是自然语言处理的逻辑延伸一样。机器首先学会了理解，然后学会了创造。

如今借助人工智能，机器可以为从猫到不存在的人的面孔等所有事物创建逼真的图像和视频。而且，一件由人工智能生成的艺术品在2018年被纽约佳士得（Christies New York）拍卖，成交价为432 000美元。这幅名为《埃德蒙·德·贝拉米肖像》（*Portrait of Edmond de Belamy*）的抽象画是拍卖行出售的第一幅借由算法生成的绘画作品，这可能也不会是最后一次。

如果您想尝试创造您自己的人工智能艺术，请看看“深度梦想生成器（Deep Dream Generator）”，它可以让您上传一个图像，并根据各种艺术风格从中创建一个新的图像。在美术世界之外（是的，猫的图片在某人的书中算作美术），人工智能也被用来创造各种各样的东西，如香水（参见本章前述的“机器能够嗅”）、食谱和食物风味组合。例如，IBM的Watson人工智能工具被用于与调味料生产商McCormick & Company开发新的配方和调味料组合。[12]该计划是让每个McCormick开发者与人工智能系统合作，在2021年之前创造出人工智能生成的食品和调味品。

机器能够理解情感

好吧，就算机器能够以我们认为只有人脑才能进行的方式来创造，但

情感绝对是、完全是、百分之百是人类的领域，对吧？不完全是，不再是了。

情感计算是人工智能和计算的一个分支，涉及创建可以识别、解释和处理人类情感的系统。正如俄亥俄州大学的一个团队所发现的那样，令人惊讶的是，计算机在识别“喜出望外”和“厌恶”之类的细微情感方面比人类更为出色。[13]毕竟，计算机在识别模式方面比人类更强，许多人使用相同的面部动作来表示相同的情绪，这是计算机可以轻松识别的模式。同样的技术也可以用于检测某人何时在撒谎。我曾与一家保险公司合作，该公司曾尝试在通话中使用语音分析来检测某人何时可能会对保险索赔撒谎。

将来，情感计算可能会具有许多广泛的应用。例如，在电子学习中（eLearning），学习平台可以检测到学习者感到无聊或困惑的时间；医护人员可以通过患者咨询更容易地发现其精神健康问题，例如抑郁症或焦虑症；您在生气时，您的手机甚至可以提醒您不要拨打电话。

如果这听起来牵强，那么情感计算的先驱者 Affectiva 已经在开发实用的人工智能工具，该工具可以读取并响应人类的情感。Affectiva 汽车人工智能解决方案，通过监视驾驶员的情绪状态以改善道路安全性。[14]使用图像和语音分析，它可以测量驾驶员的情绪和其他人的情绪反应，以了解方向盘后面的情况。当它检测到可能不安全的因素时，系统将会采取措施。例如，如果检测到驾驶员疲劳或分心，则系统可以触发驾驶员警报；如果检测到驾驶员生气，虚拟助手可以引导驾驶员深呼吸，或者音乐系统可以播放舒缓的音乐列表；如果驾驶员无法安全驾驶，汽车自身则可以接管驾驶任务。

人工智能在实践中意味着什么——两个案例研究

令人难以置信，不是吗？现在的机器能做什么呢？在本节中，我们将通过两个案例研究来更详细地探讨这些能力的含义，以展示人工智能将如何影响我们的日常生活。

医疗保健的未来

智能革命不仅会改变企业所做的事情，医生、护士和其他医疗保健专业人员的工作也将迎来人工智能驱动下的变革。事实上，医疗保健领域一些最令人兴奋的进步正是人工智能的杰作。

健康产业正开始从可穿戴设备（如健身跟踪器和智能手表）收集的大量数据中获益。这些可穿戴设备，以及其他智能设备，如智能手机和智能电视构成了物联网（Internet of Things，IoT），即由我们随身携带或佩戴的、在家中及在工作中使用的智能互联物所形成的快速增长的阵列。

得益于这些物联网设备，收集详细的健康数据从未如此简单。例如，您是否知道 Apple Watch 已经具备心电图测量的能力，它能够以与医院设

备相同的方式记录您的心跳和心律？[15]此外，它还可以检测到佩戴者何时跌倒。具有这样的能力，难怪最新的 Apple Watch 被美国食品药品监督管理局批准为医疗设备。在另一个示例中，研究人员也在竞相开发可以追踪血糖水平的隐形眼镜。[16] 随着诸如此类的可穿戴技术变得越来越普遍，患者将能够更好地管理其健康并做出更明智的生活方式的选择，而医疗保健专业人员将能够更密切地监视患者的健康数据并更好地管理其治疗。

显然，医疗保健专业人员的工作非常出色，他们通常是在非常困难、极为高压的情况下工作的，没有人愿意看到医生被机器人取代。但是，像所有人一样，医生也会有感到疲倦、偶尔想要休息一天以及出差错的时候。而机器永远不会感到疲倦，也不会像医护人员那样一时难以回忆起几年前在医学院学到的知识。因此，如果能将人类医疗保健人员的工作与智能机器结合起来，智能机器就有能力自动化或简化更常规、更耗时的任务，如检查数千张扫描图像，这使得医生和护士可以把更多宝贵的时间花在病人护理、决定最好的治疗方案等更重要的工作上。

让我们以放射科医生的工作为例。放射科医生经过多年训练后，从事着艰难而辛苦的工作——解释扫描图像，寻找可能预示疾病的异常迹象。人工智能技术（尤其是机器视觉）可以通过查阅患者扫描图像来发现异常迹象（甚至在疾病很难发现的早期），并标记需要医生人工分析的扫描图像，从而帮助医生减轻负担。事实上，这项技术已经在使用——以 Infervision 图像识别技术为例，Infervision 工具使用深度学习技术在 CT 扫描中寻找肺癌的迹象，目前已经在中国各地使用。[17]

您的家庭医生或如在英国所称的全科医生 GP（General Practitioner），是人工智能增强人类医疗保健专业人员工作的另一个示例。在英国，在您的全科医生那里的平均就诊时间仅持续 10 分钟，在这么短的时间里，全科医生必须熟悉您的病例，听您对问题的描述，了解您的家族病史，进行检查，诊断问题并确定治疗的方案，10 分钟的时间根本不够用。人工智能可以帮助医生充分利用这 10 分钟的时间，使简短的咨询更加有效。当然，这并不意味着机器人医生可以代替人类，而是说人工智能可以通过在几秒钟内筛选患者的病历和家族史以提取最重要的信息，来协助全科医生的工作。

人工智能驱动的社会

中国作为努力成为人工智能领域世界领先者的一部分（中国并不是唯一一个努力实现这个目标的国家），正在推出一种被称为"中国社会信用评分系统（Chinese Social Credit Score System）"的系统，这有点像一种金融信用评分系统，只是它的评分内容远远多于金融信用评分内容。

围绕着违反法律的公司或个人提高透明度的想法是有好处的，但是该系统对日常生活具有深远的影响。得分较高的人可以享受诸如能源账单打折、交友网站上更高的知名度或在租房时无须支付押金等优势。在一家医院中，较高的社会信用评分使个人无须排队和付费就可以看医生。同时，

得分较低的人可能会被禁止预订机票或注册在线约会网站，这些人还可能会发现自己很难租到房子。

我们将来可能会在其他国家看到类似的系统吗？只有时间会告诉我们答案。

我们是如何走到今天的

人工智能不是什么新鲜事。事实上，创造智能机器的想法已经存在了几十年之久。美国计算机科学家约翰·麦卡锡（John McCarthy）于 1955 年在达特茅斯学院（Dartmouth College）举办夏季人工智能研讨会的提议中创造了“人工智能”一词。他的申办获得了成功，一年后世界上首次人工智能会议召开——1956 年达特茅斯会议，一些热心的数学家和计算机科学家出席了会议。从那时起，智能机器的前景（和陷阱）就渗透到了文学、电视和电影中。

人工智能的诞生

第一个人工神经网络（ANNs）是在 20 世纪 50 年代发展起来的，它试图解决人工智能的一个主要障碍，即虽然计算机在处理复杂的计算、发现模式及快速检索信息方面远胜人类，但在解释现实世界或执行不基于明显规则的任务时，却根本无法与人脑相匹配。我们识别老朋友（如我们多年未见的某人）的面孔的方式并不是一个可以用规则轻易实现的过程。基于反复试验，我们通过经验学习说复杂而通常是随意的语言，这意味着人类语言不是很容易编程为简单算法的东西。

人工神经网络将为模拟这些人类过程提供一个重大的飞跃。从理论上讲，您不需要用一套规则来编程让计算机学习，只需要给计算机一堆数据来学习，让它自己通过反复试验找出规则和模式——就像人类学习那样。但要达到这一点则需要几十年的时间。

为什么人工智能如此深植于我们的日常生活当中，从人工智能的萌芽到机器具有学习能力却花了那么长时间？有两个原因：数据和计算能力。

当今数据无处不在

今天的深度学习人工智能完全依赖于数据。任何学习过第二语言的人都知道，接触一门新语言越多，学习它的速度就越快。机器的学习能力也是一样——能访问的数据越多，学习的速度就越快，在解释信息时也就越准确。因此，数据就是驱动人工智能发展的燃料。

由于世界正日益数字化，我们现在可以获得比以往任何时候都要多的数据，这意味着人工智能能够在很短的时间内变得更智能、更迅速、更精确。几乎我们所做的每件事都会产生数据，无论是在线还是离线，即使是去乡下散步也会产生数据。假设您在散步时拍了几张照片，那就是图像数据（别忘了每张照片都包含了照片拍摄地点和时间的元数据）。或者，如果您在乡村酒吧用借记卡购买午餐，那就是交易数据，银行会收集这些数据来勾勒出您的消费习惯。而且，我们的生活中越来越多地出现了物联网智能设备，这些设备每天的每一分钟都在不断地收集和传输数据，例如智能手机、智能手表、智能电视和智能扬声器。

数据的这种激增被称为大数据（Big Data）。多亏有了大数据，人工智能的发展才能得以突飞猛进，尤其是在过去五年左右的时间里。

计算能力带来了更多的冲击

捕获、存储和分析大数据需要大量的计算能力。近些年计算能力取得了巨大进步，如“云计算”，它意味着数据可以存储在“云”中，而不是存储在设备上，这是迄今人工智能发展如此迅速的第二个原因。另外，随着计算机芯片越来越小、功能越来越强大，人工智能的任务现在可以在小型设备上执行，如智能手机。数据不需要上传到集中系统进行处理，设备可以随时随地处理任务。物联网设备分析数据的这种能力被称为边缘计算（edge computing）。

大数据和计算能力的这些进步也带动了其他既影响人工智能也受人工智能影响的技术趋势。这些技术趋势包括虚拟现实（VR）和增强现实（AR）、区块链（blockchains）（一种通过在多台计算机上复制数据来存储数据的超级安全的方式——就像比特币的运作方式一样）以及量子计算（quantum computing）（一个非常前沿的领域，它的目标是创造出非常优秀的计算机，能够解决普通计算机需要很多年才能解决的多类问题）。正是所有这些技术进步的结合，才使智能革命如此强大、如此具有变革性、如此不可忽视。

关键要点

在本章中，我们了解到：

- 人工智能是制造能够像人类一样思考的机器，如学习和决策。机器从数据中学习并通过反复试验进行学习的能力，是人工智能的核心。一台机器供其学习的数据越多，就会变得越聪明。
- 当今多亏有了人工智能，机器（包括计算机、算法、机器人、机器等）才可以执行各种各样的任务，它们可以读、写、看、听、说、嗅并做出各类动作。
- 机器还具有创造力和理解情感的能力——我们一直认为这些是人类固有的能力。
- 人工智能不是新事物，制造智能机器的想法已经存在了数十年。近年来，人工智能获得如此迅速发展的原因有两个：大数据的激增和计算能力的飞跃。否则，我们将无法处理和理解所有数据。

现在您已经掌握了人工智能的基本知识，掌握了一些典型的行话，并且了解了当今机器所拥有的能力，接下来我们准备探索人工智能在商业世界中的应用。让我们翻阅到第二部分，一起来了解企业利用人工智能推动企业成功的三种主要方式。

第 2 部分　企业中的人工智能

03　运用于行业中的人工智能

04　用人工智能制造更加智能的产品

05　让人工智能提供更加智能的服务

06　用人工智能改进企业运营和流程

03　运用于行业中的人工智能

以下哪种观点最符合您的观点？

- 人工智能代表了人类激动人心的新曙光，智能机器有助于解决地球上最大的挑战，从打击恐怖主义、治愈疾病到应对气候变化的影响，人工智能将使世界变得更加美好。
- 人工智能代表了人类终结的起点。超级智能机器带来了摧毁我们所熟悉的生活的潜力，它将取代人类，成为地球上占主导地位的生命形式。

也许像我一样，您采取中立的姿态：对技术可以实现的令人难以置信的事物着迷和敬畏，同时又担心其潜在的影响。

最终您站在哪一边并不重要。无论您是站在乐观主义者一边，还是坚定地站在“我们命中注定要被毁灭”的阵营，或者是试图站在中间而在篱笆顶上岌岌可危地保持平衡，智能革命都正在发生。我们无法撤销已经取得的进步，技术只朝着一个方向行进——向前进入一个更加智能的未来。换句话说，人类已没有回头路可走了。

尤其是对于企业领导者来说，这意味着一件事：人工智能不可忽视。从最小的本地企业到最大的全球参与者，每个公司都需要接纳智能革命，并确定人工智能将如何以及在何处为他们的企业带来最大的变革。通过这种方式，制定一套强大的人工智能战略，就是要了解什么是可能的，并确定您企业的首要任务——人工智能能够提供的最大价值和真正加速推动成功的领域。

企业已经在以下三个主要领域使用人工智能推动公司走向成功。

- 更智能的产品。
- 更智能的服务。
- 更智能的业务流程。

本章将要介绍这三种用途，您将在第 4 章（更智能的产品）、第 5 章（更智能的服务）和第 6 章（更智能的业务流程）中找到每个领域的更多详细信息。

从哪个领域去制定人工智能战略

每个企业都不尽相同，您的人工智能优先事项可能与最接近的竞争对手都不一样。为了使人工智能真正让您的业务增加价值，它必须与公司的主要战略目标保持一致。因此，制定人工智能战略意味着首先要确认您在企业中最想实现的目标，然后确定人工智能如何帮助您实现这个目标。

从内部和外部角度看您的企业

虽然人工智能有三种主要的使用方式——产品、服务和业务流程，但它们实际上可以分为以下两个角度。

- 第一个视角是外部的——开发人工智能增强的产品和服务。这意味着从客户或市场的角度审视您的企业，并确定您需要向客户交付什么才能取得成功。无论是基于产品还是基于服务的企业，如今最成功的公司都对客户价值着迷，这意味着它们都致力于让客户的生活更轻松，分析和满足客户的需求，并解决客户的问题，所有这些都是人工智能可以帮助解决的。在本书中，我将产品和服务分为两章，因为它们提供了使用人工智能的完全不同的机会，但归根结底，它们都归结为同一件事，即用人工智能解决方案取悦客户。
- 第二个视角是内部的——使业务流程更加智能化。这意味着从内部审视企业，评估运营的各个方面，思考如何使企业更高效，进而走向成功。这将涵盖从制造到供应链，再到您员工的方方面面（当今最成功的企业不仅是以客户为中心，也是以员工为中心，开发更聪明的方法来寻找和吸引最优秀的人才，并让员工感到快乐和投入。正如您在第 6 章中将看到的，人力资源只是证明人工智能极为强大的运营领域之一）。

从内部和外部的角度来看，人工智能和相关技术［如大数据、物联网、边缘计算和虚拟现实（VR）］都可以帮助您达到想要的目的。现在让我们回到第 2 章，来了解与人工智能相关的关键术语和技术的定义。

为什么应该观察所有三个领域——产品、服务和业务流程

如果您是一家基于服务的企业，您可能会想跳过本书中面向产品的部分。同样，如果您的业务是基于产品的，则您可能会想忽略服务方面。

我的建议是读这本书时不要跳过这三种用途中的任何一种，即使您不生产或销售任何产品，也要读一读阐述产品的章节(请参阅本章和第4章)；即使您只是一个产品零售商，也要看看服务的内容(请参阅本章和第5章)；即使您认为在当前阶段，您的企业在运营方面采用人工智能会过于先进，您仍然应该了解一下人工智能优化业务流程的神奇方式（请参阅本章和第6章)。为了从本书中得到最大的收益，实际上是为了在您的企业中最大限度地利用人工智能——您需要在制定人工智能优先事项时将这三个方面全都考虑进去。

为什么这样讲？一方面，您的人工智能战略可能会引导您从产品转向服务，反之亦然。想一想当今最成功、最受关注的公司。苹果公司在制造和销售 iPad 等标志性产品方面树立了声誉，如今，您可能会惊讶地发现 Apple 服务（例如 Apple Music 和 Apple TV）产生的收入超过了 iPad 的销售额。[18]该公司正从纯粹的产品公司转变为服务提供商，其标志性产品支持智能服务。

另一方面，亚马逊最初是一家服务公司，但现在也在提供许多产品，包括 Kindle 平板电脑和支持其整体人工智能和企业战略的智能扬声器

Amazon Echo。

另一个案例是网飞（Netflix），它最初是一家服务公司，但基于公司对客户想要观看的内容的深入了解，多年来这家公司一直在制作自己的原创内容。如今，像《怪奇物语》（*Stranger Things*）之类的大规模网飞热门节目吸引了更多用户使用该服务，从而产生了更多的用户数据，这使网飞可以更深入地了解观看者的观看习惯，所有这些都有助于其创造更多的原创内容。如今这个良性循环还在继续。

通过这种方式，人工智能可以给您的商业模式增加一些令人惊喜的东西，甚至可以引导您进入一个从未考虑过的全新的商业模式。这就是为什么我建议在产品和服务中寻找人工智能的机会。

关于内部业务流程，我相信所有公司都必须调查更加智能运营的潜力，因为所有企业都会从优化的内部流程中受益。

总而言之，地球上许多最成功的公司都在这三个领域使用人工智能。人工智能和数据已植入这些公司的结构中，这成了它们 DNA 的一部分。例如，Facebook 通过 Oculus 品牌销售 VR 产品，提供 Facebook 和 WhatsApp 等支持人工智能的服务，并利用人工智能优化内部流程，如识别和删除攻击性内容。

这的确很棒，但我们不是科技企业……

诚然，到目前为止，我在本章中所举的案例都来自于大型科技企业，但世界上许多最大的非科技品牌也在做同样的事情。在本章的其余部分，我将定期回顾的一个例子是谦虚的“教练”。[①]是的，您理解对了，您的跑鞋即将进行人工智能改造。耐克（Nike）、安德玛（Under Armour）和阿迪达斯（Adidas）等公司已经在使用人工智能来提供更智能的产品、开发新的服务，并优化内部流程，接下来会有更多的进展。

再举一个例子。假设您经营一家生产医院扫描设备的公司，这显然是一个产品业务。然而，多亏了像机器视觉这样的人工智能技术，计算机现在才可以分析患者的扫描图像，并标记出潜在的问题以供进一步检查，从而减轻了人类医疗保健专业人员的负担。因此，您可以在经营产品的同时引入图像分析服务。通过使您的产品更加智能化，您可能会发现您正在生成大量关于扫描设备如何使用的数据，这些数据反过来可以用于优化您的维护计划和业务流程。一个领域与另一个领域相连接，再与下一个领域相连接，以此类推。

任何想要生存和繁荣的公司都必须探索在这三个领域中使用人工智能的方法。当然，您可能会决定优化内部流程（例如自动化您的制造），然而这是几年之后的事。您的当务之急可能是使用人工智能更好地了解客户，这样就能给他们更多想要的东西。这很好，重要的是您在一开始就考虑到这三个方面，这样就可以正确地思考您优先想要实现的目标，并制定

---

① Trainer，汉语之意为“教练”，也是耐克的一款运动鞋的品牌名字——译者注。

一个强大的人工智能战略。

为了帮助您入门，让我带领您大致了解一下这三个领域，并向您简要介绍企业如何使用人工智能开发更智能的产品、服务和业务流程。

 创造更加智能的产品

物联网（IoT，请参阅第 2 章）意味着大量的日常产品变得越来越智能。由于计算能力的提高，以及传感器技术的进步（传感器现在比以往任何时候都更小、更便宜，更便于集成到产品中），我们在市场上拥有大量的智能设备，如智能手机、智能电视和智能手表。人们甚至开发出了一款智能尿布，内置湿度传感器，当您的宝宝需要换尿布时，它会向您的手机或振动手环发出警报。尿布改革并不止于此，Verily Life Services（谷歌母公司 Alphabet 的一部分）正在开发的下一代智能尿布将能够区分我们称之为“黄色代码”和“棕色代码”的尿布事件。[19]

对消费者的好处

您可能会纳闷，当一代又一代的父母已经习惯了传统的“嗅闻测试”（或其更高级的表亲“嗅触测试”）时，智能尿布的出现又有什么必要性呢？这难道不是为了人工智能而制造智能产品的例子吗？需要澄清的是，这并不是我在本书中所倡导的。人工智能战略并不是为了实现智能而将人

工智能嵌入所有事物中。正如我在本书中重申的那样，您必须从战略上使用人工智能来获得最大的产出。从产品角度来看（事实上也是从服务角度来看），这意味着要弄清楚人工智能如何最大限度地使您的客户受益。

您可能会问，智能尿布真正的用途是什么？您不妨考虑一下这点：利用智能尿布从婴儿的尿液中检测出感染的早期迹象是可能的。智能尿布的数据可以上传到云端进行分析，如果有感染迹象，系统可以提供警报。尤其是对于新晋为人父母的人来说，这一方面的信息将提供放心的保证。

这让我们明白了为什么这么多公司都在让他们的产品变得更智能的关键原因——这一切都是为了让客户的生活更轻松，解决他们的问题，并从日常生活中消除那些恼人的麻烦。如今，消费者期待更多的日常问题、任务和活动的智能解决方案，无论是给宝宝换尿布，还是参加马拉松训练。

这使我想到了智能产品的另一个案例……

运动行业的智能产品——推出智能跑鞋

教练们越来越聪明了。AISportage 的智能跑鞋就像一个健身跟踪器，它为跑步者提供了更多的专业信息。这款鞋内置人工智能芯片，可监控运动（包括步态和双脚如何撞击地面），提供反馈，以帮助跑步者改善体型，并降低受伤风险。

在其他地方，Runvi 正在创造收集数据的数字鞋垫，并（与智能手机应用程序一起）充当人工智能跑步教练。鞋垫内装有 30 个压力传感器和两个加速度计，可收集有关您跑步风格的数据，附带的应用程序可对您的表现和跑步技巧进行实时分析。换句话说，您可以购买到能“指导”您如何更好的跑步并避免受伤的鞋垫。另外，通过每次跑步时的跟踪数据，可以了解随着时间的推移您跑步的改进程度。任何曾经遭受过跑步伤害，因无法连续数周或数月跑步而感到沮丧的人，或者正在接受马拉松等严格的跑步挑战训练的人，都会体会到这些信息的真正用途。

不仅是跑鞋上安装传感器来收集数据并提供反馈，“可穿戴”技术领域也正在蓬勃发展，现在健身产品的世界包括嵌入传感器的瑜伽紧身裤、智能运动衫，以及能帮助您最大限度地利用冥想课程的头带。

在第 4 章中，可以阅读到涉及更多行业的更多智能产品的案例。

对企业的好处

很明显，智能产品为客户提供了诱人的承诺，让他们的生活更轻松、更顺畅、更无烦恼。但对企业有什么好处？为什么要让您劳神把产品更加智能化放在工作的首位？

显而易见的原因是，高兴的客户意味着更高的客户满意度、更好的客户保留率、更多的正面评价和推荐、增加收入等。稍微不那么明显，但同样令人信服的原因则是：数据。

可以非常详细地了解您的客户

通过在您的产品中构建人工智能功能，您就可以收集关于客户习惯和偏好的大量数据，诸如他们如何使用产品、使用的频率、通常什么时候使用等。所有这些数据都可以用来改进产品设计和开发更好地满足客户需求的新产品（以及我们将在下面看到的服务）。

更好地了解客户可能只是人工智能和数据的众多商业好处之一，而根据我的经验，这往往是对大多数企业最具吸引力的前景和首要任务。对于那些刚刚开始探索人工智能和大数据世界的公司来说，情况尤其如此。事实上，让您的产品更智能是一个更深入地了解客户的非常好的方法。在当今快节奏的世界，那些能够深刻理解并迅速响应客户需求的公司正在蓬勃发展。

客户之旅归结为微时刻

互联网和我们对移动设备的不断依恋永久地改变了客户的旅程。现在，当“我想预订一个小憩休息”或“我们今晚在电影院看什么？”或者“该死，热水器坏了”时该怎么办？这时我们会用手机或平板电脑去寻找一个快速的解决方案。因为现在的生活节奏太快了，我们总是快速地做出决定，之后快速地查找资料，并在瞬间得到我们想知道的事情的答案。作为消费者，我们希望品牌能够做出反应，为我们立即提供此时此地所需要的东西。

谷歌称这些强烈而简短的“我想知道/做/买/去/学”的瞬间为“微时刻（micro-moments）”，并称，“今天的人心、意识和美元的争夺战是在微时刻中赢得（或失败的）——在整个客户旅程中都会存在意图驱动的决策制定和偏好塑造的时刻。”谷歌认为，这些时刻正是营销中真正重要的时刻。

因此，如果您想：① 创造更好地响应客户需求的产品；② 向最需要它们的人推销这些产品，那么就必须尽可能构建影响客户偏好和决策的微时刻的详细画面。智能产品以及这些产品收集的数据将帮助您做到这一点。

增加新的收入来源

有趣的是，对于许多公司来说，通过提供智能产品，他们也能够进入服务领域，通过提供附加服务帮助满足客户的需求。约翰迪尔（John Deere）就是一个很好的例子。作为一家农业设备和机械制造商，您认为约翰迪尔只是传统产品公司的缩影，这是可以理解的。但事实上不是这样的，至少，现在不再是了。通过使其农业设备智能化（通过内置传感器），约翰迪尔多年来一直致力于智能维护等服务领域——传感器可以预测机器可能发生故障的时间，从而启动维护计划，这有助于防止机器停机（您可以在第 4 章中阅读到更多关于约翰迪尔的文章）。所以请注意，正在从产品公司转型为产品和服务混合型公司的那些企业中，并不仅仅只包括像苹果这样明显创新的科技公司。

提供更加智能的服务

正如我们所见，您的智能产品可能会引导您进入服务领域，或者您的公司已经是一家以服务为基础的公司。在任何情况下，都有许多令人兴奋的方式可以把人工智能嵌入企业的服务当中。在这里我只讨论几个案例，您可以在第 5 章中阅读到有关智能服务的更多内容。

服务化/订阅业务的兴起

服务化——最热门的商业模式趋势之一，是由人工智能和数据推动的。我说的服务化是什么意思？服务化公司不是一次性销售产品或服务，而是采用持续服务或订阅模式。我经常会举一个例子来说明两者的区别，那就是迪士尼（Disney）和网飞。迪士尼制作的电影在电影院上映后，也许它让公司赚了很多钱，也可能很失败。迪士尼不一定确切知道到底有多少人看过这部电影，他们是否喜欢这部电影，以及这些客户最近还喜欢哪些电影。然而，网飞对其客户却有着深刻的了解，它确切地知道有多少人在流播某一部电影或某一部连续剧，是中途放弃去看别的东西，还是因为太喜欢而继续观看同一导演、同一演员的更多影片等。

服务化企业可以访问大量有价值的客户数据，正如我们在第 2 章中所看到的，数据是人工智能的源泉。没有数据，人工智能什么都不是。可以说，今天的服务化企业就是人工智能驱动的企业。例如，网飞的推荐引擎是由人工智能提供动力的，其能够根据用户之前观看的内容和其他类似客户也观看过的内容，来向客户推荐可能喜欢的类似内容。

为客户和企业带来的巨大好处

尤其是在服务化/订阅模式下，实际上在是任何形式的人工智能驱动的服务模式下，您都有机会与客户建立更密切的关系。您可以通过以前似乎不可能的方式了解客户及其偏好和习惯。对于客户如何使用您的产品和服务，再也没有基于假设或直觉的决策，相反，您可以收集他们如何真正与产品互动的深层数据。

有了这些知识，您就可以调整产品，以更好地满足客户的需求，就像网飞能够定制更多的客户喜欢观看的内容一样。

运动行业的智能服务——通过应用程序与客户更接近

让我们回到体育和休闲世界，看看公司是如何越来越多地提供人工智能增强服务的。耐克和安德玛这两大运动服装和配饰领域的巨头，都以销售出色的产品而闻名。现在，两家公司都在应用程序上投入巨资——利用人工智能更好地了解客户，加深他们与受众的关系。

近年来，安德玛进行了一些战略性的技术收购，包括对卡路里计数应用程序 MyFitnessPal 的收购，这使得安德玛成了世界上最大的数字化健康和健身公司，其致力于实现数字化和实体化的未来愿景。其智能服装提供了详细的健康和健身信息。让我们再仔细思考一下：一家以生产运动服装闻名的公司现在是世界上最大的数字化健康和健身公司，安德玛的应用程序已被数亿人下载。通过这些应用程序，安德玛可以获得人们吃多少、锻

炼多久、喜欢哪种运动等数据。所有这些数据都有助于公司了解客户习惯和购买决策，以便他们能够提供更多用户真正想要的东西。通过这种方式，安德玛将自己视为高档酒店的礼宾部，为用户提供高度个性化的运动体验。

同样，耐克也在大力推广服务。他们有自己的跑步应用程序，名为“耐克跑步俱乐部”（Nike Run Club），最近它们又推出了一款足部扫描应用程序“Nike Fit”。显然，我们中60%的人穿的鞋子尺码不合适，而且不同品牌和款式的鞋子其尺码可能存在巨大差异——许多人一个品牌使用一个尺码，另一个品牌或款式使用不同的尺码。所有这些都让买运动鞋更像是一件麻烦事，如果我们买错了尺码，就会造成足部不适甚至受伤。耐克的应用程序旨在解决这些问题，它利用人工智能、机器视觉和增强现实技术，确保每个顾客都能买到合适尺寸的鞋子。您可以利用这个应用程序来测量您的脚（扫描您的脚并收集几个数据点，包括长度和宽度），然后它会建议您应该买什么尺寸的鞋子。在商店里，销售人员可以使用相同的技术来确定最适合顾客个人尺寸的鞋子，并记录他们购买的尺码。

显然，这使得耐克客户的生活更加轻松（一方面，作为父母，能够每隔几个月准确测量孩子的脚，而不必将他们拖到商店里去试，这还是蛮吸引人的），同时为耐克提供了大量有关客户脚的尺寸和合脚偏好的数据。还记得我在本章前面提到的那些“微时刻”吗？借助此应用程序功能，耐克可以一目了然地了解客户的微时刻（“我需要新的跑鞋”“我应该购买什么尺寸？”等），就像安德玛对其应用程序套件所做的那样，耐克收集的有关脚的大小和形状的信息，可以为将来的产品设计提供依据。

因此，就像智能产品可以反馈到智能服务中一样，智能服务也可以反馈到您的产品中。

使业务流程变得更加智能

现在我们已经有了可以精确测量脚的几个方面的应用程序，不难想象，未来将有公司在他们自主的工厂中，根据足部扫描应用程序的用户合脚数据无缝制造定制鞋款。事实上，正如我们将在本节中看到的，像阿迪达斯这样的企业已经在自动化设备中创造出高度个性化的产品。

这是完全有可能的，因为人工智能带来了很多定制和优化的机会。换句话说，您对客户的了解越多，就越能设计出完全符合他们需求的产品和服务；反之，就意味着您可能需要彻底改进一些业务流程，如制造环节。或者，像很多公司一样，您只是想在竞争激烈的商业环境中寻求更高的效率，而通过将人工智能融入内部运营中，您可以创建一个更精简、更高效的企业，以更好地满足客户的需求。

我们所说的智能业务流程和运营是指什么

理论上，人工智能可以应用于企业的几乎任何方面，如制造、人力资源、市场营销、销售、供应链和物流、用户服务、质量控制、IT、财务等。从自动化机器和车辆，到用户服务聊天机器人和检测用户欺诈的算法，人工智能解决方案和技术已经整合到了各种企业职能中。

关键在于确定哪些领域是您企业的优先领域，以及人工智能将在哪些领域增加最大的价值。强调一下，这不是为了植入人工智能而引入人工智能，而是要参照您企业想要实现的目标，来确定人工智能如何帮助企业实现这些目标。

运动行业的智能业务流程——自动化制造

在过去的几十年里，我们看到许多企业为了降低运营成本而将制造业转移到海外。现在由于智能革命，特别是机器人技术的进步，更多的公司能够把它们的制造业带回欧洲、美国或任何它们的基地。

继续我们的运动主题。阿迪达斯在两家高度自动化的工厂中尝试了这一想法，其一家工厂位于德国（该公司总部位于德国），另一家工厂位于佐治亚州的亚特兰大。这些设施被称为 Speedfactory，其结合 3D 打印、机器人和电脑编织技术，根据跑步者的当地地形创造了个性化的跑鞋（再次出现了以客户为中心、着迷于客户价值的商业模式）。

阿迪达斯现在正在汲取这一经验，将 Speedfactory 技术引入其在亚洲的两家供应商用来生产运动鞋。阿迪达斯执行董事会成员、负责全球运营的马丁·尚克兰（Martin Shankland）说："SpeedFactory 在促进我们的制造创新和能力方面发挥了重要作用。通过缩短开发和生产交付周期，我们为目标客户提供用于重要时刻的非常应景的产品。这是我们从一开始就确定的目标。我们现在能够将这些经验与我们和供应商取得的其他进步结合起来，充分利用这些技术的总体优势，变得更加灵活和经济，同时扩大可供产品的范围。”[20]

自动化在制造业意义重大。在未来，我们可以看到这种趋势更多地趋向于本地化和定制化，跨越许多不同的行业，展示智能化的业务流程如何与更智能化的产品紧密联系在一起。

这个例子也凸显了在制造业中越来越多地使用机器人和越来越少地使用人类劳动者的趋势，并且这一趋势没有放缓的迹象。例如，全球最大的苹果 iPhone 组装商富士康科技（Foxconn Technology）曾表示，未来几年内，该公司的人类工人将占少数。事实上，该公司曾表示，将在 5～10 年更换 80%的人类工人。虽然我们在谈论 iPhone 和机器人，但在 2019 年，苹果自豪地展示了 Daisy，一种 33 英尺长的人工智能驱动机器人，可以用 5 只手臂将旧 iPhone 拆开。Daisy 被媒体称为“破坏 iPhone 的机器”，苹果将其称为“她”。Daisy 将手机拆开，挑选出可以再次使用的特殊材料，每年可以分拆 120 万部手机的速度令人印象深刻。通过这种方式，机器人技术和人工智能也在帮助苹果在回收利用、可持续发展以及制造业方面做得更好。

记住，制造只是企业业务流程中的一个环节，人工智能在此可以发挥

巨大的作用。在第 6 章，您可以看到更多人工智能赋能业务流程的案例。

关键要点

在本章中，我们了解到：

- 广义上讲，企业使用人工智能来加速业务的途径主要有三种方式：创造更智能的产品、提供更智能的服务，以及使内部业务流程更智能。
- 尤其是，企业可通过更智能的产品和服务与以客户为中心的业务和服务化趋势相结合的方式，来寻求对客户的深刻理解并培养更牢固的联系。
- 产品、服务和业务流程这三个方面之间存在一定程度的重叠，即创造人工智能驱动的产品可能会为企业带来新的服务机会，提供人工智能赋能的服务可能会带来新的产品机会，对产品的变革可能会打开通向更智能的业务流程的大门等。
- 基于这个原因，我建议每个企业在制定人工智能战略时都要考虑这三个方面。例如，即使您将企业视为传统的产品公司，也不要忽略本书中的服务和业务流程章节。您可能最终会因为认为不相关或超出当前能力的范围，而不考虑人工智能赋能的服务和业务流程，但在开始时考虑这三个方面仍然很重要。这样，您就可以理解人工智能的真正潜力，并确定企业的首要任务。

本章简要概述了将人工智能嵌入智能产品、服务和业务流程的可能性。在接下来的三章中，我将更详细地介绍每一个领域，并在一系列行业中给出许多实际的、真实的案例。因此，如果您已经准备好进入激动人心、人工智能赋能的智能产品世界，那么就让我们开始吧。

04　用人工智能制造更加智能的产品

智能手机、智能音箱和其他智能产品有一个共同点：它们都能够收集、发送和接收信息（数据）。正是这种连接性使得消费者和智能产品之间的互动更有意义、更有洞察力，也更有用处。例如，一个健身跟踪器能够收集您一天走的步数或者您的睡眠状况信息，这些信息会传送到您手机上的一个应用程序中，在那里您可以查询这些数据，获得如何拥有更健康生活的有用建议。更重要的是，这些收集的信息通常包括用户如何与产品交互的数据，从而能够为产品提供更具响应性和个性化的潜力，就像 Amazon Alexa 能够区分不同声音的方式一样。

这种在日常物品中相对较新发现的智能，都要归功于物联网（IoT，请参阅第 2 章），以及计算机芯片和传感器越来越小、越来越便宜。正如我们将在本章中看到的，现在几乎任何设备都有可能成为智能产品，无论多小的设备。

 智能产品兴起的重要性

使您的产品更智能化对您的公司来说有许多好处。首先，创建智能产

品通常是更好地了解您的用户的起点——他们如何使用您的产品、他们的使用习惯和偏好等。这些数据对于改进您的产品和推动公司未来的成功是非常宝贵的（返回第 3 章来了解智能产品对企业及其用户的好处）。

一切都在变得更智能，而且这种趋势不会消失。每一家生产产品的公司都需要考虑这种趋势和这种对万物智能的渴望对于他们自己的产品和业务意味着什么。如果您不这样做，就有可能很快落在后面。举一个非常简单的例子。我最近不得不叫一个水管工到我家来，在他解决问题时，我问他对智能家居恒温器（我将在本章后面部分重点介绍的产品）有什么看法，他竟然不知道我在说什么。对此，我表示很惊讶。智能恒温器是家庭供暖的一个巨大趋势，截至 2018 年，英国已有 150 多万户家庭正在使用智能恒温器。[21]如果智能产品正在进入您的行业，您至少必须学习一些相关知识并对它们有一些了解。

我经常采用的另一个案例是钟表业。我喜欢传统的钟表，它们外观精美，机械质感更让我着迷。但是，像劳力士（Rolex）和百达翡丽（Patek Philippe）这样的传统奢侈手表制造商能否在这个智能手表时代生存下来？当电子、电池驱动的手表首次问世时，许多人都说了同样的话，他们悲观地预测机械手表会“死掉”，当然，它们没有“死掉”，但智能手表的兴起却截然不同。首先，这些智能手表不仅是手表。Apple Watch 现在可以进行心电图检查（ECG），并得到了美国食品药品监督管理局的批准（请参阅第 2 章），这意味着您的智能手表现在可以检测并提醒您的心脏状况。一年前，我和我的家人经历了一次痛苦的经历——因为一次意外的心脏病发作，我的岳父早逝了。如果他平时戴有一个现代智能手表，就可以检测到潜在的心脏病。智能手表不仅能显示时间，甚至我（喜欢传统机械表的人）也会问自己："我应该买一块智能手表吗？"所以，虽然我不认为奢侈手表市场会完全干涸，但很明显，现在消费者对产品的期望值非常高，对手表的期望也是一样。泰格豪雅（TAG Heuer）是一家奢侈手表制造商，它已经通过提供一系列联网智能手表进入了这一领域。如果我是一名制表师，智能手表的兴起肯定会让我停下来进行思考。

这并不是说您应该为了人工智能而快速地在您公司的产品当中加载人工智能。任何时候，引进新技术都必须以战略性的方式进行——本书第3部分的章节将帮助您制定一套适合您企业的人工智能战略，无论您是想引进更智能的产品、更智能的服务、更智能的业务流程，还是三者都一并引进。

在本章中，我想传达这样一个信息：智能革命将影响每一个行业和几乎每一种产品。这就是为什么本章包含了这么多智能产品的案例，从家居产品到运输、工业、健康等产品，我希望这些能启发您思考如何让自己的产品更加智能。

家居智能产品

您上次出门没带智能手机是在什么时候？智能手机改变了我们交流、

获取信息和处理生活琐事的方式，以至于很难想象没有智能手机的生活是个什么样子。而这个小小的发明只是个开始，渐渐地，我们将更多的智能产品和日常用品引入我们的生活，如智能手表和智能音箱。正如我们在第3章中看到的，现在几乎所有的物品都可以变得智能，从跑鞋的鞋垫到宝宝的尿布。

智能产品的这一趋势在我们的家居生活中尤为盛行，由于物联网和人工智能，消费电子产品和家用电器正迅速变得更加智能化。这些产品可以收集周围发生的事情的信息并做出相应的反应，使我们的家居智能产品能够更高效、更自动化、更响应我们的需求，并使整个生活体验更具互动性。Amazon Echo 扬声器，连同 Alexa 数字助手，就是这样一款智能家居产品的典型案例，还有更多的智能产品已经上市或正在研发中。

让我们来看看在家居智能产品中我最喜欢的一些案例，这些证明了市场是如何回应我们对智能产品永不满足的需求，从而创造了一整套智能日常用品。如果马桶座圈和牙刷变得越来越智能（正如您将在本节中看到的那样），那么下一步会是什么？唯一受限的是我们的想象力。

智能洗衣机

洗衣机中的人工智能？LG 只是涌入智能洗衣机市场的制造商之一。它的 TROMM 洗衣机能够根据天气调整洗涤转数，例如，如果天气不适合在室外晾晒衣物，它可以增加转速的强度。它还可以与您“口头交流”，并

给出去除顽固污渍的建议。智能洗衣机还能够根据衣物的重量和洗涤的织物来调节所需的洗涤剂量，或者在需要添加更多洗衣粉时提醒您。

智能冰箱

您的下一台冰箱可以识别冰箱里的东西，并自动监控冰箱里的存货数量（例如，它可以告诉您冰箱里的黄瓜快过保质期需要尽快用完），并提醒您当某些东西用完时需要再订购一些。或者，如果您在办公室想象晚餐要做什么，但您不确定家里还有哪些食材，如是否还有奶油，您可以简单地通过手机查看冰箱里有什么，甚至可以让冰箱根据冰箱里的食物推荐一顿美味的饭菜。市面上也有智能葡萄酒冰箱，它可以告诉您要买哪种酒（根据冰箱对您口味的了解），以及下一瓶葡萄酒要搭配哪些食物。

智能马桶

如果您有 8 000 美元的闲钱，为什么不投资一款内置亚马逊 Alexa 的 Kohler Numi 2.0 智能马桶呢？（非常适合那些喜欢在早上如厕时，查看天气预报等工作很多的人士）。如果这听起来像是人工智能发疯了，请再想想吧——因为在未来，一个智能马桶可能会拯救您的性命。罗切斯特理工学院（Rochester Institute of Technology）开发的一款马桶座圈能够测量用户的血压、血氧饱和度和心率，以检测充血性心力衰竭的迹象。同样，谷歌已经申请了具有血压监测功能的马桶的专利。同时，其他智能马桶项目着重于开发可通过语音命令调节高度和倾斜度，以适应使用者身体需求的马桶，从而使残疾人能够更独立生活和/或减轻护理人员的压力。[22]

智能牙刷

自从我认识我妻子以来，她就一直希望有一种方法可以让别人或什么东西帮着刷牙，她经常提醒我，刷牙是对宝贵时间的极大浪费。令她失望的是，人工智能可能还不能为人刷牙，但肯定可以让刷牙过程更智能。一把由 Beam 保险公司提供的牙刷能够记录您刷牙的时间和频率，并用这些数据来计算您的牙科保险费，因此，刷牙刷得越好，所支付的牙科保险费就越少。[23]

智能家居恒温器

如今市场上有很多此类产品，但 Nest 是率先推出智能家居恒温器的公司。Nest 学习型温控器会监控您的房屋使用方式，以便可以自动调节房间内供暖或制冷。例如，如果您大多数时候都在下午 6 点下班回家，它将从中学习并在您进屋之前开始为您的房屋供暖或降温。此外，它还带有活动传感器，可以评估是否有人在家并相应地调节室内温度。

智能照明开关

Orro 智能照明开关能够使用人工智能来学习您在家中使用照明的习惯，并以正确的设置做出响应。它可以分辨出您什么时候在房间里，您无须执行任何操作即可打开和关闭照明灯，并且它会根据一天中的时间调整照明设置。例如，如果您希望在傍晚先与孩子一起做游戏，然后调暗灯光看电视，它会学习并记住这样的照明设置程序。

智能家居安全

如果有人闯入您的家，Netatmo 智能室内摄像机会向您发送警报，并向您发送入侵者的面部照片和录音。它带有面部识别技术，因此可以学习识别家庭成员，并告诉您什么时候有人在家。如果您年龄大一些的孩子放学后自己回家，或者您家中有年迈的父母，那么这个功能会很实用。它甚至有一个宠物检测功能，可以给您发送一张您的宠物独自在家时会做什么的照片和录音（我仍在期待我的狗狗——米莉带给我的惊喜）。

出行和运输智能产品

从公路上的自行车、汽车和卡车，到空中的无人驾驶飞机和海洋上的船只，有许多不同的方式可以将人或物从 A 地运送至 B 地。说到人工智能和运输，自动驾驶汽车也许是您想到的第一个案例。但再深入一点，您会发现这只是个开始，无论是通过轮子、机翼，还是波浪，整个出行和运输过程都将被智能革命所改变。

智能汽车

汽车工业中围绕人工智能的大部分工作都集中在使汽车变得更加自

主方面。这种自主性的等级分为1～5级，其中自动停车系统属于1级，对于完全“自动驾驶”车辆，即能够在没有驾驶员的情况下四处行驶，被归类为5级。

电动汽车先驱特斯拉（Tesla）不仅处于电动汽车的前沿，其创始人兼首席执行官埃隆·马斯克（Elon Musk）还宣布公司将在2020年拥有5级自动驾驶汽车，这种汽车能够在任何地方驾驶，虽然这看起来可能有点过于乐观。[24]特斯拉汽车已经配备了传感器和人工智能功能，包括扫描道路的摄像头和监测天气状况的大气传感器。在撰写本书时，特斯拉的自动驾驶功能（2级自动驾驶）已能够实现诸如匹配车速和交通状况、在高速公路上和停车时的变道等任务。当然，汽车在行驶途中驾驶员必须坐在车内随时准备掌控汽车。

沃尔沃也在自主汽车方面投入巨资，并计划在2021年前达到4级自主水平。[25]沃尔沃在安全方面被称为世界领先者，因此安全是其自主战略的关键部分也就不足为奇了。在一个试点项目中，沃尔沃在汽车内安装了传感器，用于检测驾驶事故和监测道路状况，其目的是了解汽车和驾驶员对道路结冰等危险路况的反应。

此外，沃尔沃还利用人工智能，通过监控发现哪些车内功能最实用，哪些功能没有得到充分利用，以此来提高驾驶员和乘客的舒适度。我记得当初买车时，自动泊车是我最看重的功能之一，但我可能只使用过几次，每次都是为了向别人展示它有多酷。有了对功能实际使用情况更好的了解，汽车公司就能够构建更多用户真正想要的功能，并提供更好的培训来使用我们应该使用但却没有用到的功能。

人工智能自行车

人到中年开始沉迷于莱卡相机？或者只是想让早上的通勤变得更轻松一些？您或许会对 iWEECH 电动自行车感兴趣。它通过使用人工智能依据天气和到达目的地的距离等因素来计算和提供动力辅助。[26]在自行车的领域，Tome Software 正在使用人工智能帮助减少自行车事故，特别是针对汽车从侧面或后面冲撞自行车这种情况，这个智能工具可以计算骑行者何时处于危险境况并发出警报。

自主送货机器人

当您订购外卖或在网上购物时，您可能会期望人类驾驶员在您家门口出现，但是像 Dominos、Just Eat 和 Co-op 这样的公司却改用 Starship Technologies 的自动送货机器人来执行送货任务。

这些可爱的小机器人只有微型冰箱大小，在我的家乡米尔顿·凯恩斯（Milton Keynes）非常受欢迎。当我晚上去跑步时，会经常遇到它们走来走去。我还亲自使用它们从当地的炸鱼和薯条店运送过 Co-op 的杂货和晚餐。不得不说，让机器人为您的早餐薄煎饼或英国经典晚餐带来一份牛奶，真的是太酷了！Starship 公司的机器人已经行驶了超过 10 万英里，公司拥有大约 1 000 个机器人的车队。Starship 公司说，由于传统的送货卡车在短途运输中成本较高、效率较低，因此这些自动化车辆非常适合于在城市中使用。

智能自主无人机

亚马逊曾以试用无人机运送包裹而闻名。但您知道吗？自主客运无人机——没错，也就是机器人驾驶的飞行出租车——可能很快就会出现在您附近的天空中。戴姆勒（Daimler）支持的航空公司 Volocopter 开发了一款双座空中出租车，并于 2017 年搭载着迪拜王储成功进行了 5 分钟的试飞。[27]迪拜投入巨资，使无人机出租成为现实。除了引入飞行出租车外，《迪拜自主交通战略》的目标是，截止到 2030 年 12 月，迪拜的自主无人机客运量占比将达到 25%。[28]

自主船舶

我们听到很多关于自动驾驶汽车上路的讨论，但是关于自主船舶出海的讨论呢？2018 年，劳斯莱斯与芬兰渡轮运营商芬菲利斯（Finferries）合作打造的全球首艘完全自主渡轮亮相。这艘名为 Falco 的渡轮在航行和运营时不需要人工干预，这多亏了人工智能技术。尽管在陆地上的船长也可以监控航程，并在必要时（通过遥控）接管船舶。[29]

在完全自主、无船员的船舶成为常态之前，还有很多测试要做。现在人工智能可以用来减少船员的数量，帮助船员做出更好的决策，并为远航

公司提高效率。举个例子。现有货船可以用人工智能技术进行改装，比如总部位于旧金山的初创公司 Shone 提供的人工智能技术，可以探测并预测水面上其他船员的移动。

智能武器

我们已经习惯了飞机上的自动驾驶功能，但是可以自动操作的致命武器呢？这将在社会的许多领域引起极大的关注。但是，自动目标识别和交战系统确实存在。“目标识别”意味着使用传感器探测雷达、坦克和空军基地等目标，“交战”意味着基本上是开火……尽管是在人工监督下。[30]此外，美国空军还测试了一种先进的无人机，它既可以充当人类驾驶战斗机的“僚机（wingman）”，也可以作为无人机“群（swarm）”的一部分，在这两种情况下，都是由附近喷气机上的人类飞行员控制的。这款无人机命名为“瓦尔基里（Valkyrie）”，可以携带少量炸弹用来提供额外的火力，甚至可以代替人类驾驶的战斗机向敌军开火。每架无人机的成本约为 200 万～300 万美元，相比之下，战斗机的成本超过 1 亿美元，这些无人机对空军来说是一个相对便宜的买卖。[31]

工业和制造业智能产品

我将在第 6 章更多地讨论制造业，那是关于利用人工智能改进业务流程的内容。现在，让我们把重点先放在以工业和制造业为中心的产品上，因为正如您所猜，它们越来越智能了。让我们来看看以下这些人工智能产品，这些产品有助于使人们的工作和生活变得更加轻松……

智能眼镜

谷歌眼镜（Google Glass）是一款眼镜形状的头戴式视图器，它能够显示信息并允许佩戴者访问互联网，常被认为是智能产品最大的败笔之一。这种眼镜几年前就大张旗鼓地推出了，然而世界上大多数人只是耸耸肩，心想："嗯，我为什么需要这些眼镜呢？"当时还不清楚这款产品解决了什么问题，也不清楚它如何让使用者的生活更加轻松。除此之外，人们并不想在公共场合戴着这款眼镜。

然而 Google 并没有放弃，而是相继推出了谷歌眼镜的新版本——Glass Enterprise Edition 2，该版本的产品针对产业而不是个人消费者。由于这一转变，谷歌眼镜在制造业、医疗保健业和物流业等领域找到了新的发展生机。它是如何工作的呢？在它的右镜头前面有一个小显示屏，正好位于佩戴者的主要视线上方（基本上您必须抬头查看显示屏，因此不会干扰您的视线）。对于戴眼镜的人来说，这个小屏幕实际上看起来像 6 英尺外的 30 英寸屏幕。[32]屏幕可以显示信息，提醒员工操作程序（例如如何组装产品），也可以用作"我能看到您所看到的"工具，即让主管能够查看佩戴者在做什么。这种头戴式视图器还可以拍摄视频和录制音频，这对产品检验和质量控制非常有用。更加智能的是，微软的全息眼镜（HoloLens

Glasses）提供了一个完整的混合现实环境，在这里您可以观看叠加在您看到的现实世界之上的全息物体并与之互动。这将改变工业和制造业，也将改变从教育到医疗保健的许多其他行业。

智能工业机械

微型廉价传感器的大量出现，将人工智能引入工业机械（甚至将其装配到现有机械之中）变得相对容易起来。约翰迪尔作为一家领先的农业和工业设备制造商，在过去的十几年里，一直致力于使其产品智能化，以帮助用户通过更智能的机械来减少浪费和提高效率。例如，其农场设备现在可以从中央控制中心进行远程管理，人工智能可以随时做出操作决策，并且农民可以在家里通过控制台实时监控数据点。

计算机视觉（请参阅第 2 章）已经被证明是约翰迪尔特别宝贵的资产。公司于 2017 年收购了机器学习和计算机视觉专业公司 Blue River，以期将计算机视觉技术引入农业机械中。从本质上讲，这意味着机器在穿过田地时将能够“看到”农作物并学会区分健康作物和不健康作物，然后当需要时，这种机器可以针对特定的问题区域喷洒化学药剂，而不是在整个田地里喷洒，从而有可能将除草剂的使用量减少 80%～90%。

在另一个案例中，约翰迪尔引进了一套名为联合收割机顾问（combine advisor）的系统，这家企业在联合收割机上安装了摄像头来监控谷物收割时的视频图像。该系统可以分析谷物的质量（如确保谷物不会被机器损坏），并且可以避免谷物随着不需要的茎、叶和芯排出机外，从而帮助农民减少浪费。

智能制造机器人

对于制造和销售机器人的公司来说，集成人工智能功能和增强连接性是一个核心目标。以专门从事工业机器人研发的日本领先的机器人公司Fanuc 为例。早在 2015 年，该公司就收购了一家人工智能初创企业的股份，并于 2016 年宣布与网络专家思科公司（Cisco）和智能制造专家罗克韦尔自动化公司（Rockwell Automation）合作，旨在为制造业打造工业物联网。[33]Fanuc 正在利用深度学习来帮助它的机器人通过反复执行相同的任务来训练自己，机器人每次都做得更好。对于 Fanuc 用户而言，这样的突破意味着他们将不再需要对机器人在工厂中执行的每一项功能进行编程，这些机器人将能够自主学习。

智能电梯

芬兰电梯和自动扶梯公司通力（KONE）肯定认为人工智能正处于上升阶段，并一直提升（恕我使用双关语①）其从全球 110 万部电梯中收集数据的努力。电梯抛锚或升降错误可能会导致电梯运行过程中严重的中断，因此，通力使用传感器从电梯中获取尽可能多的数据，并利用人工智

① 笔者在说明通力电梯公司加强从电梯收集数据的工作时，使用了“提升”这个词。“提升”的英文是 elevating，与“电梯”的英文 elevator 是同根词，故笔者在此处使用了双关语——译者注。

能和机器学习来分析这些数据。这使技术人员可以预测出电梯何时可能会出现问题从而提前采取措施（这一过程称为“预测性维护”，请参阅第 6 章）。对于拥有通力电梯的用户而言，这可以为他们带来巨大的价值。

智能表面

总部位于伦敦的创业公司 HyperSurfaces 正在开发一项技术，其可以使任何物体表面（几乎任何表面）变得智能。这项技术使用振动传感器和人工智能将任何物体表面或材料转化为智能表面，用以检测运动并执行命令。例如，理论上，您的木制咖啡桌可以成为您的电视、照明和恒温器的控制器，或者您可以通过汽车车门锁上和打开前门。很难想象我们有可能使用这种技术的所有方式（就像在社交媒体被发明之前很难理解一样），但很显然，汽车制造商对该公司非常感兴趣。[34]

智能电厂设备

工业巨头通用电气公司（GE）正致力于为用户提供更智能、自主学习的电厂设备。遍布电厂的 GE 机械使用传感器收集数据，然后对其进行分析，以了解电站工作中的压力和要求。使用此数据，电站运营商可以根据需求波动来增加或减少产量，或者关注以前未注意到的低效率。一个典型的发电厂可以配备 10 000 多个传感器，GE 能够捕获和分析该发电厂所有机器的数据，而不仅是 GE 制造和销售的机器。

运动健身智能产品

我们都很熟悉智能健身跟踪带环和应用程序，从第 3 章中我们了解到人工智能正被添加到各种运动和健身装备中，包括鞋垫和衣服。让我们再看几个有关智能革命如何影响运动产品世界的案例。

可穿戴技术

竞争异常激烈的运动产品世界正在迅速采用人工智能帮助团队获得超越竞争对手的优势。例如，澳大利亚可穿戴技术公司 Catapult 生产的设备可以使用 GPS、心率监测器和加速度计等传感器来测量运动员的表现和运动。Catapult 产品被许多球队使用，包括澳大利亚足球队、澳大利亚奥林匹克队、纽约尼克斯队和加拿大足球联盟。[35]

传感器增强型篮球比赛

瑞士电子公司 TE Connectivity 希望使用传感器来改变篮球比赛。振动传感器可以置于篮球篮筐或篮板上，以研究练习投篮的确切角度和轨迹，从而帮助球员磨炼自己的投篮，并助其理解为何每次投篮投中或未投中。同时，高度计可以放在球员的鞋子里跟踪速度，而嵌入制服里的加速度计则可以测量跳跃速度、高度和旋转数据。即使是球场本身也可以变得智能化，因为 TE Connectivity 的传感器能够嵌入地面，这意味着裁判可以更准确地判罚界外球。

智能拳击手套

运动传感器专家 PIQ 与 Everlast 的合作将智能革命带入了拳击场。PIQ ROBOT Blue 产品是一款智能腕带，它可以对锻炼进行详细的分析，以至于人们惊呼佩戴这样的智能腕带“几乎是不公平的。”因为它可以跟踪拳击手的所有训练，包括空拳攻防和轻拳出击，测量出诸如出拳速度、出拳力度和回缩时间等。有了这些信息，拳击手就可以准确地知道自己的长处和短处在哪里，这样他们就可以将训练目标放在需要改进的地方。

医疗行业智能产品

在第 2 章中，从处于压力下的医疗保健专业人员的某些工作自动化，到帮助个人做出更好的健康和生活方式的选择，我概述了智能革命将如何改变医疗世界。我们中的许多人都想在日常生活中测量和监控自己的健康状况，因此，医疗保健专业人员有希望获得有关患者健康状况的详细且有价值的惊人数据。这不仅能（理论上）帮助我们过上更健康的生活，许多人还希望它能掀起一股“预防医学”的浪潮，即首先预防人们生病，而不是在疾病发生时进行治疗。

这是个令我特别兴奋的领域。下面让我们看一些我最喜欢的智能医疗相关产品案例。

智能尿检棒

我们已经在使用智能马桶了，那么为什么我们不能拥有智能尿检棒呢？毕竟，尿液含有有关饮食和荷尔蒙的重要数据，是检测感染迹象的常用方法。Bisu 智能尿液分析仪即将上市，其由一个带有可生物降解测试芯片的测试棒组成。从套管中抽出测试棒，将一个吸水垫浸入尿流中，然后滑回套管并对尿液进行测试（而后可以弃置测试棒）。回到智能马桶的想法，我的愿景是将智能马桶与智能尿液分析技术相结合，以便马桶可以提醒您任何潜在的健康问题。

智能隐形眼镜

随着谷歌眼镜在某些产业中的普及，下一步会是智能隐形眼镜吗？三星、索尼和谷歌母公司 Alphabet 等多家公司一直在研究智能隐形眼镜技术，这些技术可以增强我们人类的视力或用于监测我们的健康状况。威斯康星大学研究人员一直在开发一种可在毫秒内自动对焦的隐形眼镜。在其他地区，一组韩国研究人员正在测试旨在监测糖尿病患者血糖水平的隐形眼镜。

智能医疗影像设备

GE 表示已在全球市场上拥有 50 万台医疗成像设备，并一直在与技术公司 NVIDIA 合作，将人工智能集成到成像设备中，以提高 CT 扫描的速

度和准确性。其正在使用算法技术来发现人眼可能遗漏的微小器官损伤迹象，从而有可能帮助医生更快、更早地诊断疾病，而更快的扫描速度还意味着患者将受到更少的辐射。

人们叫它医疗物联网（Internet of Medical Things）

上面彼此相联的医疗设备和应用程序的示例，基本上都属于医疗物联网（IoMT）范畴。IoMT 设备可以收集数据、监控活动和生命体征，并在需要干预时通知使用者、护理人员或医疗保健提供者，例如，当有人跌倒、患者忘记服药，或出现感染或疾病迹象时。所有这些举措都可以帮助人们保持安全和健康，并降低医疗费用。而且，借助现在可以收集的大量数据，医疗保健提供者将能够为每位患者提供更多个性化的医疗保健。

关键要点

在本章中，我们了解到：

- 就其本质而言，智能产品会产生丰富的数据，这些数据可用于生成更好的客户洞见和改进您的产品。
- 由于人工智能和物联网，在生活的方方面面——家居、旅行、工作、健康等方面，产品将变得更加智能化，现在每个行业都在发生这种变化。如果连卫生间都正在变得智能化，那么在未来将会变得智能化的东西是没有限制的。

- 如果您不考虑智能产品对您企业的影响，以及在您的产品中引入人工智能的可能性，您就有被甩在后面的风险。

智能产品另一个有趣的方面是，它们通常能够触发更智能的服务。当您在生产智能产品时，可能会发现它为潜在的有利可图的服务机会（尤其是订阅模式）打开了大门。例如，一些智能家居安全系统制造商已进入服务领域，根据智能安全系统收集的数据提供订阅服务来为您监控房屋。以这种方式，智能产品和智能服务之间经常会产生很多交集，由此让我们能够自然顺畅地开启下一章内容。

05 让人工智能提供更加智能的服务

智能化、人工智能增强的服务可能意味着人工智能本身已成为服务产品（请参阅本章后面的“人工智能即服务”），或者意味着人工智能被用来改善您为客户所做的工作，或者意味着人工智能提供了开发全新服务和商业模式的机会。这三种情况有一个共同点，即人工智能是企业成功的驱动因素。

本章包含许多实际案例，这些案例展示了企业如何使用人工智能提供更加智能的服务。正如所料，一些最好的案例来自科技界，例如像亚马逊这样的科技公司大鳄。但是，正如您将在本章中看到的那样，还有许多其他领域的案例远远超出了深圳或硅谷的范畴。

 为什么服务需要变得更加智能

无论您的公司是一家以服务为基础的企业，还是您正在考虑从产品转向服务（正如我们在第 4 章中所看到的，智能产品通常可以为智能服务打开新的大门），人工智能对于提供客户想要和需要的服务来说都至关重要。借助数据和人工智能，公司现在可以比以往任何时候都能更好地了解他们

的客户——公司有能力跟踪客户，了解他们实际在做什么、了解他们如何使用产品或服务等。有了这些知识，企业就可以设计出响应速度更快的个性化解决方案，并能为客户提供更智能的定制服务。

关键是提供定制化服务的能力。您会注意到，个性化是贯穿于本章的主题。如果您的客户和主顾还没有期望您提供更具个性化的服务，我敢保证，他们很快就会这样做。无法提供更智能、更个性化服务的企业可能会被抛在后面，尤其是在科技行业面临激烈竞争时（请参阅本章后面的“进入个人银行业务领域的个人金融应用程序的兴起”）。

 从科技界的书中摘取一片叶子

毫无疑问，人工智能增强服务的一些最强大的案例来自科技界。让我们一起来看看科技公司使用人工智能为其用户和客户提供更智能、周到和个性化服务的一些方式。毕竟，科技世界走向何方，其他行业也必将紧随其后，这意味着这些方式正迅速成为所有其他企业的标杆。此外，在很多情况下，基于技术的初创公司开始涉足银行和医疗保健等传统行业，在本章后面的内容中会有更多关于这方面的介绍。

亚马逊的个性化客户推荐

在亚马逊，整个公司围绕其人工智能能力进行组织。将人工智能置于所有业务活动的核心（即不仅是“IT 事务”）已为亚马逊带来了可观的收

益，这是所有组织都可以并且应该学习的东西（请参阅第 8 章中有关“构建人工智能文化”的更多信息）。人工智能为亚马逊的产品提供信息，如 Alexa，也为该网站难以置信的先进的客户推荐引擎提供动力。

亚马逊在为客户提供更加个性化的在线购物体验方面树立了标准，它是最早根据用户的购买历史（以及其他类似客户的购买历史）、浏览历史、人口统计数据和通常一起购买的商品等数据，为人们下一步购买什么提供数据驱动的客户推荐的平台之一。该公司的人工智能推荐引擎非常有效，它创造了公司收入的 35%。

字节跳动的个性化新闻和视频推送

字节跳动是 TikTok 和头条的母公司，TikTok 是一款深受孩子们喜爱的视频分享应用程序，也是我在写作本书时世界上下载量最多的应用程序。[36]头条是一个介于搜索引擎和社交媒体平台之间的应用程序，每天向数亿用户提供连续的个性化内容流。[37]

这两个平台的独特之处在于：与 Facebook 和 Instagram 之类的服务不同，您不必“点赞（Like）”任何东西，人工智能通过跟踪您观看和阅读的内容（以及您花费多长时间观看或阅读这些内容）就可以知道您的喜好和兴趣，然后它就会提供给您更多相同种类的内容。它的理念是：面向您的整个内容的推送都是为您量身定制的，而且，最关键的是，您会只看到您真正想看的内容，而不是一个充满了您朋友和家人“点赞”的、随机的、有时是无趣的内容推送。

网飞如何呈现我们想要观看的内容

和亚马逊一样，网飞也是个性化推荐大师。喜欢 A 系列吗？接下来您可能想看 B 系列。这一切都是基于网飞的人工智能，它能处理用户观看的大量数据，并将其与其他具有相似个人资料的用户的观看习惯进行比较。这都是网飞驱动用户花费越来越多时间通过平台流播内容的一部分。作为该驱动力的一部分，公司为每个用户建立了一个非常详细的档案，并针对数百个（甚至数千个）不同的属性对该用户进行索引。

有趣的是，它还使用人工智能将图像缩略图（观众在浏览内容时看到的电视节目或电影的静止图像）个性化到每个用户的档案。回想一下购买 DVD 时（还记得那些日子吗？），DVD 盒的封面上会有电影的图像。现在，网飞有多种图像可供选择来代表一个电视节目或电影，它向您展示的图像是基于它对您作为一个观众的了解。例如，您观看了很多有罗伯特·德尼罗（Robert De Niro）的电影，网飞就可能给您呈现一个有罗伯特·德尼罗形象的电影缩略图，即使他的影像在那部电影中只有一小部分。所有这些都旨在引起您的注意，并增加您单击、观看和欣赏内容的机会。

另外，借助于网飞拥有大量关于用户观看偏好的数据，该公司已经成为一个内容创造者，根据它知道的人们喜欢观看的内容，制作出像《*怪奇物语*》之类的热门作品。

Spotify 和个性化音乐

Spotify 是世界上最大的点播音乐流媒体服务平台，这在很大程度上要归功于它对人工智能的使用。Spotify 个性化娱乐的多种方式之一便是其“每周发现”功能，该功能每周为用户提供个性化播放列表，其中包含用户尚未在 Spotify 上播放但可能会欣赏的音乐，基本上相当于是在为您创建一个磁带集锦（我的孩子不知道我在说什么）。

但是个性化不止于此。事实上，很多人猜测 Spotify 热衷于进入个性化音乐创作领域，只不过音乐是由 Spotify AI 创作，而不是由艺术家和唱片公司创作（法国科学家、人工智能创作音乐领域的专家弗朗索瓦·帕切特（François Pachet）加盟 Spotify 团队引发了这种猜测）。Spotify 已经推出了一项名为 AI Duet 的功能，用户可以使用计算机创建二重奏。

这种潜在的被人工智能驱动的自动化音乐创作（无论是由 Spotify 还是由其他提供商提供）可能会改变游戏规则。我预测在不远的将来，人工智能将自动为我们创建一系列服务，从我们聆听的音乐到阅读的新闻，再到我们观看的体育节目。有关“自动内容生成”的更多信息请参阅第 6 章。

人工智能即服务

以上您阅读的这些案例都是以技术为中心的，您可能想知道普通公司

（即没有亚马逊这样的技能和预算类公司）是如何实现这种目标的，答案在于人工智能即服务（AIaaS）。

像亚马逊、微软、百度、谷歌、IBM、阿里巴巴等人工智能的领导者们正利用人工智能驱动服务的兴起，将他们的技术打包为付费业务。换言之，您可以通过像谷歌这样的公司，付费获得您需要的人工智能技术和能力，而不必雇佣内部数据科学家或投资昂贵的基础设施。如果您有数据，就可以使用像亚马逊或IBM这样的人工智能服务提供商来查询这些数据，使您的产品和服务更加智能化。这意味着，即使是小型企业也可以从真正先进的人工智能技术中获益，这种技术以前只适用于预算庞大的科技公司。在第3部分中您可以阅读到有关“AIaaS以及如何实施人工智能”的更多信息。

实践中的其他智能服务

现在，我们来看一看技术界以外的案例。在这里，我想重点介绍一下人工智能如何帮助各种行业的各种企业向客户提供更智能的服务。

智能保险

保险确实涵盖了服务和产品，但我想将其纳入服务一章，因为我相信未来最成功的保险公司将是能够与客户建立有意义的、增值的服务关系的保险公司。保险业将从人们购买的交易性产品（如果一切都很好，就会很少使用）转为支持客户，真正让他们的生活更轻松、更健康等服务方面。

健康与人寿保险提供商 Vitality Health 是一家已经做出这一转变并与客户建立更深厚关系的公司。Vitality 并非像传统的健康保险提供商那样为疾病付费，而是为健康付费。该公司使用数据和人工智能来跟踪和奖励客户的健康行为，其理念是创建一套共享的价值体系，使客户从增值服务（更健康的生活）中受益，而保险公司则从较低的医疗费用中受益。Vitality 首先评估新成员的基本健康和生活方式信息（如吸烟、饮酒、身高、血压等）。其次，使用该信息确定客户的 Vitality 年龄（有趣的是，79%的被调查者的 Vitality 年龄高于其生理年龄）。最后，Vitality 为每个成员创建了一条“个人之路”，实质上是一项计划，成员通过做出更健康的选择来改善他们的 Vitality 年龄，并在他们坚持参与计划时使用折扣服务奖励他们。为了支持此过程，Vitality 从兼容的可穿戴技术（如 Apple Watch）中收集数据，并从合作伙伴（包括体育馆和零售商）那里收集数据。例如，会员可凭借每天走的步数或他们选择的食物的健康程度而赚取积分，而这些积分可以兑换成支持其更健康生活方式的优惠服务。您的生活方式越健康，您所获得的回报就越大。从 Vitality 的角度来看，他们可以使用收集的数据来更准确地为保单定价，并根据会员对个人计划的参与程度来调整保费。

这样的案例说明了技术如何为保险公司提供令人兴奋的机会，使保险公司们能够为客户提供更个性化的服务、更好地了解客户、提供更好的价格政策以降低成本，并解决客户的问题。另一个出色的案例是 LeakBot 工具，它是一种小型的夹式检漏仪，可以在隐蔽于自来水系统中的泄漏变成更大、更昂贵的麻烦之前将其识别出来，从而为客户和保险公司节省大量的麻烦和金钱。由于这种装置体积小且相对便宜，保险公司可以很容易地免费向客户提供，并从防止昂贵的漏水损害索赔中获益。

就个人而言，这正是我希望保险公司提供的服务——我希望保险公司增加价值，变得更加主动，在问题发生之前解决问题并帮助公司省钱。在未来，我认为科技型增值保险是我们大家都可以期待的一种常态。

智能金融服务

金融服务业是一个我经常合作的行业。公平地说，我认为在引入更智能化的服务时，该行业存在一定程度的行业盲点，特别是在个人银行业务方面。少数几家银行服务提供商遥遥领先，而大多数其他银行只关注他们的直接竞争对手在做什么，而没有注意到非传统的基于人工智能的服务进入其业务领域的趋势。

事实是，如今人们对银行的要求越来越高。每个客户都希望获得更加个性化的服务——这种关注传统上只保留给高净值客户。人工智能能够实现这种大规模的个性化，可自动提供帮助客户更好地管理资金和实现财务目标的建议。如果传统银行无法提供个性化服务，那么客户将转向其他地方。

这种个性化服务已经存在，并且已经出现了一系列工具，有望帮助人们管理财务和实现财务目标。像 Cleo 和 Plum 这样基于聊天机器人的服务可以分析您的消费习惯，计算出您能存多少钱，甚至可以帮您把钱直接从您的银行账户转移到一个单独的基金里，以备不时之需。尽管仍然有些消费者对这些应用程序服务表示怀疑（谁不担心与银行以外的其他人分享银行登录详细信息呢？），但是这些金融服务成为完全受监管和受信任的主流服务只是时间问题。实际上，许多市面上的个人理财应用程序已经受到英国金融行为管理局（Financial Conduct Authority）等机构的监管。

再来看传统银行。加拿大皇家银行是具有前瞻性的、为客户设计更加智能服务的一个案例。其银行应用程序使用人工智能来自动分析和分类消费习惯，在购物、餐饮和交通等方面推荐个性化的每月预算，并提供有助于使用户保持在预算之内的通知。

智能维护

在第 4 章中，我提到了电梯和自动扶梯公司通力（KONE）如何在其全球超过 100 万部电梯中引入传感器，以监控机械的运行方式并更好地管理电梯维护。从这些传感器收集而来的实时数据包括电梯从启动和停止时间，到加速度、温度、噪声和在缆索上运行的振动情况。结合人工智能分析，所有这些数据都可以帮助通力为客户提供更好的维护服务（请参阅第 6 章中有关“预测性维护”这一概念的更多信息），这也为这家芬兰公司带来了全新的商机。2017 年，通力宣布将打包这些数据，并以“24 小时/每周 7 天联网服务”的名义向客户（即全球各地的电梯和扶梯运营商）提供。

智能运输服务

在第 4 章中，我谈到了汽车作为一种产品如何变得更加智能化和自动化，在这里，我想谈谈运输“作为一种服务”的概念。

从根本上说，我们使用汽车的方式正在发生变化。过去，对我们来说买一辆轿车是一笔很大的投资，我们会一直保有到需要再买一辆新车为止。从这个意义上讲，汽车有点像洗衣机。逐渐地，轿车租赁模式变得越来越普遍，比如说用户在两年内每月支付一定金额的租金，到期末签订新协议并获得新车。现在，即使是这种模式也开始显得过时了。特别是在城区，许多人乘公共交通工具上班，如果他们有车，可能也只是在业余时间使用。为一辆闲置时间超过一半的汽车支付月供？想想这件事就觉得很疯狂。

人们越来越希望能够在需要时随时随地开车或搭便车，而不需要“拥有”一辆车的麻烦和费用。这一需求正通过智能化、人工智能化的服务来实现。诚然，在老牌出租车公司中，打车的选择一直存在，但像优步（Uber）和中国的滴滴出行（Didi）这样的公司已经彻底改变了这项服务。这些公司利用技术来检测客户所在地，实现整个支付环节的自动化（包括引入动态、自适应的定价），并配有为司机和乘客实施评级的系统，它们为人们提供了一种高度改进、智能化程度更高的服务。

滴滴出行可能还不是家喻户晓的名字，但实际上它是全球最大的拼车公司。该公司绝对依赖于人工智能，以一些非常有效的方式使用该技术来提供出色的服务。例如，它使用人工智能解决交通拥堵并规划更有效的路线；使用面部识别技术来确认驾驶员和乘客的身份；具有基于应用程序的增强现实（AR，请参阅第 2 章）导航功能，可帮助客户找到穿过建筑物（例如大型火车站）到达接送地点的路线。

我之所以在本节中提及滴滴（毕竟是一家科技初创公司），是因为该公司正在与日产进行谈判，以创建电动汽车乘车共享服务，这表明传统汽车公司也热衷于加入“运输即服务（transport-as-a-service）”的行动。同样，大众汽车也在寻找创建自己的“运输即服务”的方式。而在 2016 年，丰田投资了汽车租赁应用程序 Getaround（类似于 Airbnb，但用于汽车）。[38]这些汽车制造商正在寻找人工智能驱动的方式，使其业务多元化，以增加新的收入来源，并满足不断变化的市场期望。

智能时尚和零售

Stitch Fix 将人类设计师与人工智能的力量相结合，是各个行业如何利用人工智能交付智能、个性化服务的绝佳案例。这家公司的目标是通过把手工挑选的衣服送到您的门口，来消除买衣服时我们大多数人所讨厌的事情。例如，在拥挤的购物中心里匆忙地选购衣服，排队等候更衣室，发现一件在模特身上看起来很不错的衣服而自己穿上却很糟糕，在网上订购衣服结果却发现它们不合身。

人工智能是如何工作的呢？用户在问卷中详细说明他们的身材、款式偏好和生活方式（他们也可以链接到其 Pinterest 账户），然后系统通过使用人工智能，预先选择适合顾客的衣服，一个（人类）个人设计师从预先选择的列表中选择最好的选项。这样，最适合您的衣服每个月都会出现在您的门口。如果不喜欢或不需要某件衣服，只需将其退还，系统就会更多地了解您真正想要什么和不想要什么。此外，利用 Stitch Fix 从其 300 万活跃用户当中收集的数据，该公司还根据对客户时尚偏好的了解，来设计衣服的款式。

很明显，Stitch Fix 满足了消费者对更智能购物的需求（如果消除了在百货公司度过周六下午的麻烦，这对人工智能将是一个很好的利用），难怪像 Amazon 和 Trunk Club 这样的公司正在涌入同一市场。

智能粉丝参与

电动方程式锦标赛（Formula E）处于使用人工智能吸引粉丝的最前沿。在 2019 年，电动方程式锦标赛推出了一款新的“幽灵赛车（ghost racing）”手机视频游戏。借助 AR，球迷可以实时参加比赛（请参阅第 2 章），换句话说，通过手机，您可以实时参与比赛，并在实际赛车手之间驾驶虚拟赛车。该游戏模拟比赛中真实汽车的确切速度、位置和运动，这意味着在家里比赛的粉丝并不是在与算法或其他玩家竞争，而是在与那一刻在赛道上行驶的现实赛车手竞争。[39]如果您喜欢赛车，真应该尝试一下这款游戏，这是加深粉丝与赛车之间联系的一种非常聪明、完全沉浸式的方式，将来要是看到大多数体育组织和团队开发类似的参与工具，对此我一点儿也不会感到惊讶。

实际上，基于 AR 的参与是一种理念，它可以应用于更多行业，而不仅是体育行业。开着您梦想中的汽车试驾，在一家专享的新健身房体验设施，在政治集会的舞台上加入政治家行列。吸引粉丝、客户、主顾、品牌拥护者等的可能性是无限的。

赛车也许很刺激，但有一项体育赛事我是真的很喜欢，那就是温布尔登（Wimbledon）。在撰写这一章时，我有幸参加了 2019 年的锦标赛。但是，对于那些不算足够幸运的人，IBM 的 Watson AI 引擎可确保粉丝们不会错过这次活动。Watson 能够分析比赛的实时录像，包括运动员的姿势和来自人群的反应，以自动编辑完美的精彩片段。这个系统会在数千小时的球场录像中拖网，以为球迷们留下精彩片段。

智能医疗

从本书已提供的案例中可以明显看出，医疗行业正受到人工智能技术的积极影响。我希望人工智能将有助于每个有需要的人都负担得起并且可以获得医疗保健。

Babylon Health 之类的服务正在为此铺平道路。该公司对“人工智能的诊断能力能够与人类医生相当”充满信心，因为该系统首次参加皇家全科医师资格考试（全科医师培训的最终考试）的成绩令人印象深刻，达到了 81%（考试的平均及格分数是 72%）。在接受《数字健康新闻》采访时，Babylon Health 公司的创始人兼首席执行官阿里·帕尔萨（Ali Parsa）表示，甚至他都对人工智能学会诊断各种健康状况的速度如此之快感到惊讶。展望未来，该公司正在寻求结合面部识别和语音分析技术，以帮助更详细地评估患者。例如，患者所承受的疼痛程度，甚至症状是否真实。该公司已与腾讯和三星等公司签署了协议，以帮助扩大该技术的应用范围。

在世界上无法提供大众负担得起的医疗保健服务的地区，我们可以看到像这样的服务可以缩小差距，帮助患者接受诊断并找到前进的道路。在三星等公司的支持下，人工智能驱动的医疗保健必定会变得更加普及。

智能教育

作为一名家长和一名学校管理者，教育是我非常热衷的一个领域，看到人工智能用于改进我们每一个生活阶段的学习（从小学、中学、大学到工作场所的培训），对此我感到极为兴奋。

学习已迅速成为一种终身体验。学习作为学校、学院和大学生专有领域的日子早已一去不复返，当今，对大多数人来说，学习将贯穿于他们的整个工作生涯。当今时代，几乎没有人能找到毕生不变的工作。我们一直

期望提高技能，扩展知识，承担更多的责任，适应不断变化的市场和工作环境等。

提供更智能教育的一部分是促进终身学习的理念——个性化的学习解决方案，使人们更容易根据需要随时随地以有效的方式学习。慕课MOOCs（大规模在线公开课）的兴起也许是这方面最著名的一个例子。在工作场所，个性化的在线学习解决方案（如Netex提供的解决方案）使雇主可以为员工设计定制的课程，从而帮助他们以适合于自己的方式掌握新技能。当今可用的许多灵活的、适应性的学习解决方案包括诸如AR和VR（请参阅第2章）和游戏化等创新技术。

在工作之余，我们很多人对终身学习充满热情（例如学习第二语言），并且有许多智能服务旨在帮助我们实现学习目标。Duolingo语言应用程序是我最喜欢的一个案例，它能够很好地说明人工智能是如何冲击终身学习的。自2011年推出以来，Duolingo已成长为全球最大的语言学习平台，也是最受欢迎的教育应用程序之一，人工智能是Duolingo产品的核心。例如，人工智能被用来确定新学习者的级别，这样他们就不会被所给的内容压垮，而是感到有足够的挑战和兴趣继续使用这个应用程序；入职考试具有自适应性和响应性，可以根据用户的响应情况自动调整问题的难度。

智能教育的另一个关键部分是为那些接受全日制教育的人（无论是学龄儿童，还是大学生）做好终身学习的准备，为传统的课堂教学提供技术解决方案，监控每个学生学习的详细进度，动态调整内容和交付方式以适合每个学生，并提供更个性化的学习体验。智能内容是其中的一个方面，传统的内容如教科书被转化成更容易理解的格式和动态的工具如简单测验。Cram101 就是一个很好的案例。您将拥有智能学习平台，可根据每个学生的学习风格和喜好对辅导进行定制。例如，Carnegie Learning's Mika 软件使用人工智能提供个性化的辅导和反馈。

智能婚介

正如本章和第 4 章案例所示，人工智能现在几乎涉及我们生活的方方面面。而寻找爱情也是一样，有了在线约会服务和应用程序，机器会把您觉得有吸引力的对象勾勒出来，并根据这种理解给出推荐。换言之，它们会剔除不适合您的对象，这样您（理论上）就不会有那么糟糕的约会了。到目前为止，这种方法的效果非常好——在 Match.com 上相识的人已诞下了超过 100 万个婴儿。

问题是，技术的好坏取决于提供给它的信息，而关于爱情方面的问题是，很多时候我们不知道自己在寻找什么，也不知道什么对我们有好处，更不用说有很多不道德的人故意在他们的个人资料上撒谎。

新一代的约会服务正在使用人工智能来克服这些障碍，并使在线约会更加智能。有了人工智能，应用程序就可以根据您的行为而不是您说自己喜欢什么来安排您的约会对象。Loveflutter 就是这样一个例子。它使用人工智能根据从 Twitter 了解到的有关其性格的信息来匹配人们。同样，语音约会应用程序 AIMM 会在推荐约会对象前一个星期通过提问问题，从而更好地了解您。它甚至会播放您约会对象的音频片段，听其描述完美约会或讲述一个有趣的轶事。如果双方都愿意聊天，则 AIMM 就会建立呼叫。

人工智能还能够帮助人们发现那些在他们的个人资料和照片中撒谎的人。当用户过度修饰个人资料照片时，探探（中国版的 Tinder）会使用人工智能进行识别。人工智能还被用来识别那些欺骗人们交出现金的约会骗子（英国人在 2018 年因约会骗子而损失的金额高达 5 000 万英镑）。一个神经网络能够以 93%的准确率发现骗子和冒充者。

关键要点

在本章中，我们了解到：

- 未来最成功的服务提供商将是那些能够利用数据和人工智能为客户提供更周到、智能和个性化服务的提供商。如果您忽视人工智能作为一种提高服务质量的手段，就要冒被甩在后面的风险。
- 人工智能为您提供了一个极好的机会来真正了解您的客户——他们喜欢什么、他们不喜欢什么、他们实际会做什么（而不是他们说自己会做什么）、他们如何参与您的服务，以及什么最有可能让他们更深入地或更长时间地参与等。

- 人工智能驱动服务不再是大型科技公司独占的领域。人工智能作为一种服务，任何企业都可以从人工智能技术为其客户提供更智能的服务中获益。

为了提供更智能的、人工智能增强的服务，您可能需要改进、自动化或彻底改造某些业务运营。接下来让我们一起翻看下一章阅读一些令人难以置信的案例，这些例子介绍了公司如何使用人工智能来改善其内部业务流程。

06　用人工智能改进企业运营和流程

与许多公司一样，您希望自己的企业更高效、更精简，并更好地为实现成功，增长和满足不断变化的市场需求做好定位。人工智能可以帮助企业实现所有这些愿景，甚至可以做得更多。

本章包含许多案例，这些案例说明了许多企业如何使用人工智能来创建更智能的业务流程。在许多情况下，这意味着切换到更自动化的业务流程，从发现欺诈到雇用最佳员工，业务流程变得越来越自动化。但是，正如您将在本章中看到的那样，自动化并不一定意味着要投入大量的机器人工人，使成百上千人成为多余的人。事实上，人工智能增强的业务操作通常意味着使用人工智能来增强人类的工作能力，或者构建工作流程以充分利用人和机器的优势。

正如第 4 章和第 5 章所提到的，对改进业务流程的需求可能来自于公司向更智能的产品或服务的转变，或者您可能只是需要自己的组织更具竞争力。不管其背后的原因是什么，我希望本章能激励您走上通过人工智能改进业务流程的道路。

为何将人工智能应用于企业运营和流程

人工智能通过多种方式向企业提供改进业务流程的巨大机会，例如：

- 降低成本。
- 自动化和精简核心业务活动。
- 把有价值的员工解放出来，把精力放在推动企业成功的更具创造性的活动上，而不是平淡无奇的重复性活动上。
- 提高客户满意度。
- 推动销售和收入的增长。

作为能够带来潜在好处的可资借鉴的案例，让我们来看一家在整个组织中以多种不同方式使用人工智能的公司。您可能以为我会列举出谷歌、亚马逊或其他大型科技公司的名字，但事实上，我想列举的是百事可乐公司，诸如百事（Pepsi）、佳得乐（Gatorade）和立顿（Lipton）等品牌背后的公司。这家零食和饮料生产商是使用人工智能、数据和分析来提升企业绩效的光辉典范。

例如，百事可乐子公司 Frito-Lay 使用机器学习（请参阅第 2 章）来改进薯片的加工过程，其中一个项目是通过有效地向薯片发射激光并聆听所产生的声音使薯片的加工质量控制过程自动化，即以人工智能算法分析声音以确定薯片的质地和质量。从这里开始，机器学习和机器视觉（请参阅第 2 章）被用于开发一个能够预测加工土豆重量的系统，这意味着该公司

不再需要在每条生产线因称重原料而耗费 30 万美元，而仅在美国就有 35 条这样的生产线，这无疑是一笔可观的节省。这项工作中另一个节省成本的项目是评估土豆经过去皮过程后的“去皮百分比”，这一项目估计在美国工厂每年可节省约 100 万美元。

百事可乐公司使用人工智能帮助其招聘人员。它使用机器人薇拉（Vera）（由俄罗斯初创公司 Stafory 开发）对应聘销售职位的候选人进行电话访谈，并使用该技术快速填补了俄罗斯 250 个工厂的职位空缺。薇拉（Vera）可在短短 9 小时内采访 1500 名候选人，而人类招聘人员则要花费 9 个星期。

百事可乐还拥有自己的内部技术平台 Ada，该平台将人的洞察力与算法结合在一起。Ada 可以从各种来源收集数据，使百事可乐能够更好地利用从运营中收集来的大量数据，并有望将之用于改进设计、研究和定价方面的决策，这里仅列举几个应用案例。

该公司使用人工智能社交预测工具来汇总公开的消费者对话，以确定潜在的新产品机会。另外，它使用称为 Pep Worx 的分析平台为零售商店提供有关最佳库存商品、放置地点以及使用何种促销活动的建议。例如，当公司推出桂格隔夜麦片时（Quaker Overnight Oats），它能分析识别出 2400 万个家庭适合作为销售对象。随后，百事可乐确定了这些家庭最有可能光顾的购物场所，并在这些场所针对这些消费者进行促销活动，这帮助百事可乐在产品推出后的前 12 个月内推动了产品 80%的销售额的增长。

百事可乐对人工智能的广泛使用，向我们展示了在您的企业中发展人工智能文化的重要性。如果整个公司都对人工智能的好处深信不疑，那么您将更有可能成功采用人工智能并带来真正的业务收益。在第 8 章中将介绍有关人工智能的人员和文化方面的更多信息。

 从机器人流程自动化开始

在每个行业中，公司都感受到了在降低成本的同时提高效率和绩效的压力。对于许多人来说，机器人流程自动化（robotic process automation，RPA）提供了解决此问题的方法。

RPA 目前是一个庞大的话题，而且只会越来越庞大。事实上，根据领先的研究和咨询公司 Gartner 的数据，到 2022 年，RPA 的技术支出将达到 24 亿美元。听起来不错，但 RPA 究竟是指什么？简言之，RPA 意味着使用计算机来自动化我们的部分流程，特别是人类工人每天花时间完成的重复、单调、结构化的任务。这个理念是：借助机器来处理更单调的过程，人类工人可以专注于更高层次、更有价值和更具创造力的工作。

对于那些认为 RPA 在预算和专业知识方面远远超过他们的人来说，机器人即服务（Robots as a Service，RaaS）是一个快速崛起的领域，它允许企业将 RPA 部署为基于云的服务，这意味着您可以有效地雇用机器人，而不用投资昂贵的后端基础设施，并根据需要扩大和缩小运营规模。例如，

Cobalt Robotics 提供了一个机器人即服务（RaaS）安全平台，它比人类的保安人员便宜 65%。因此，您可以让一个人管理一个由机器人组成的远程团队，而不是为一个 5 人的安全团队买单，同时还可以为安全优化收集更多的数据和见解。

RPA 在工作中的其他案例

金融行业是 RPA 的较早采用者，但现在许多行业都在使用 RPA 技术来完成诸如与其他数字系统进行通信、捕获数据、检索信息、处理交易等任务。在这样的任务中，RPA 减少了人工成本并消除了人为错误。例如，一家大型银行提供商使用 85 个软件机器人来运行 13 个流程，一年内处理了 150 万个请求，相当于 230 名全职员工的工作量，成本约为人工的 30%。而且，“首次就正确完成”的任务数量也有了增加。

运行中的 RPA 的其他案例包括：

- **呼叫中心运营和客户查询**

RPA 技术可以支持众多客户请求，这在与聊天机器人技术结合时尤其有效。

- **将纸质记录转写为数字化**

RPA 解决方案可以读取文档和表格并将数据输入新系统，而不会引入人为错误。

- **输入和处理保险索赔**

RPA 工具可以比人类更快地执行此操作，并且错误更少。

- **自动化服务台响应**

对于直接的重复性问题，可以使用 RPA 来解决用户的技术问题和疑问，从而使人类支持人员能够腾出时间来处理其他任务。

- **信用卡申请**

RPA 是目前大多数信用卡申请的幕后技术。机器人程序可以很容易地处理申请流程的所有方面，包括进行信用检查和决定是接受还是拒绝申请。

- **人力资源入职**

RPA 可以加强许多重复性人力资源工作。例如，当经理选择了新员工时，自动机器人可以接管一些任务，如签发正式的工作录用信、归档未成功候选人的申请表和简历、创建新的 IT 账户和登录名以及生成 ID 卡。

- **销售和营销**

销售和市场营销都是充满重复性的工作，通常涉及多个计算机系统。例如，RPA 机器人可以将新客户或潜在客户信息输入 CRM 系统，检查不同系统之间的数据一致性，进行持续的竞争对手研究，并执行社交倾听任务，以更好地了解客户。同样，RPA 机器人与智能聊天机器人的结合在销售和营销环境中尤其有效。本章稍后将介绍更多有关聊天机器人的信息。

RPA 和 AI 一样吗？

两者有点一样，但又不完全一样。尽管自动化通常是人工智能的主要目标，但 RPA 的工作方式却略有不同。关键是，RPA 机器人必须被编程来

执行一项任务，而人工智能系统通常可以自己学习并决定如何最好地完成任务。换句话说，您可以在没有人工智能的情况下拥有 RPA，并且可以在没有 RPA 的情况下拥有人工智能。然而，这两种技术可以实现很好的互补，考虑一下将 RPA 与机器学习等人工智能技术结合起来的好处，机器学习使 RPA 机器人能够学习并更好地处理重复性任务。通过这种方式，对于许多公司来说，RPA 通常是在未来采用更先进的人工智能的铺路石。

 增强业务功能的真实案例

与人工智能增强产品（第 4 章）和服务（第 5 章）一样，我想用本章的大量篇幅来展示公司使用人工智能改进内部流程的真实案例。在这里，我想展示不同行业的一系列共同的运营职能，但不可能会涵盖典型行业运营的所有方面，那样的话本章的长度会比现在要长 10 倍！因此，如果您没有在本章中看到自己特定行业的重点或专业知识，那也并不意味着人工智能不适用于您所在的领域。任何行业的任何职能都有可能通过人工智能简化或自动化操作或流程，这里仅介绍人工智能可以实现的少量案例。

减少会议时间

如果您对从这个案例开始介绍感到惊讶，那么请思考一下：仅在美国，员工每月参加大约 62 次会议，中层管理人员平均花费约 35%的时间参加

会议，而组织中较高级别的决策者可能会花费多达 50%的时间参加会议。[40]会议花费了组织很多时间，更不用说安排和组织会议、做纪要和散发纪要以及列出所有后续工作了。而当您考虑所涉及的额外管理人员时，一个小时的会议还可能会花费人们更多的时间。但是，众所周知对于一项耗费大量时间的活动来说，这类会议毫无成效。一些数据表明，有 37%的会议对组织没有任何价值。[41]

人工智能可能无法完全消除会议，但至少可以减少会议之前、会议之中和会议之后涉及的管理人员的数量。像 Voicea 这样的语音助手平台可以监听会议，捕捉关键的要点和行动，然后创建和共享可操作的纪要。Sonia 工具也有类似的功能，但它的设计目的是捕捉客户电话，记录整个对话，并自动总结关键决策、后续事项和行动。由于 Sonia 专为客户呼叫而设计，因此它也可以自动执行 CRM（客户关系管理）输入以实现合规性。

当与其他语音助手（例如 Google Duplex）结合使用时，它们可以为您安排会谈（请参阅第 2 章）。这些具有人工智能功能的工具可以帮助您大幅减少会议的管理时间，使您的员工可以专注于价值增值方面的事务。

改进销售和营销流程

聊天机器人的使用是人工智能驱动式销售和营销过程的一个明显案例，许多家喻户晓的企业已经能够通过聊天机器人来增加收入和增加受众。例如，英国零售商玛莎百货（Marks&Spencer）在其网站上添加了一个

虚拟数字助理功能，帮助客户解决折扣码和其他常见问题，而不需要人工干预。该公司表示，该功能为公司挽回了可能流失的200万英镑的销售额。另一个例子是，英国在线时装和化妆品零售商Asos使用Messenger聊天机器人将订单增加了3倍，并多吸引了35%的用户。

人工智能还可以使市场研究更加智能，更加具有成本效益和效率。实际上，80%的市场研究人员认为人工智能将对市场研究产生积极影响。[42]人工智能工具可以提供近乎实时的客户洞察，识别并深入非常具体的目标受众，并根据受访者的回答进行响应式问卷调查（有点像我在第5章提到的Duolingo语言应用程序测试）。此外，调查结果被人为的偏见或错误所扭曲的可能性也要小得多。

人工智能可以极大地改进传统的市场调查方法。以净推荐值（Net Promoter Score，NPS）方法为例，该传统方法询问客户向其他人推荐品牌、服务或产品的可能性有多大，客户用数字量表回答。净推荐值这样的设计是为了便于分析和衡量分数，但由于没有开放式、自由式的回答，因此无法真正了解客户为何可能（或不太可能）推荐您的产品。借助于人工智能分析，尤其是情感分析和自然语言处理（NLP，请参阅第2章），可以从客户开放式、自由式的回答中快速轻松地挖掘出信息，从而提供更详细的洞察，以了解客户的价值和可以做得更好的方面。借助于人工智能，不仅可以了解客户响应的含义，还可以了解这些响应背后的情感。

如今，许多现成的客户关系管理（CRM）解决方案都在例行地被纳入人工智能分析，使销售团队能够自动生成更有价值的见解。例如，Salesforce的爱因斯坦人工智能技术（Einstein AI）可以预测哪些客户最有可能产生更多的收入，哪些客户最有可能将他们的定制转移到其他地方。有了这样的信息，销售团队就可以将他们的时间集中在为企业带来最大价值的地方。

评估和改善客户服务

一段时间以来，许多呼叫中心的操作已经实现了自动化。技术公司Transcosmos 开发了一种人工智能解决方案，可以帮助公司判断呼叫质量和客户服务质量。据 Transcosmos 称，呼叫中心的客户服务质量取决于服务态度、提供的信息和提供的附加值。围绕这三个要素，Transcosmos 开发了一种人工智能，可以“以人类的精确度”自动判断客户服务质量，并能检测出不恰当和有问题的客户服务，其精确度是语音识别系统的两倍多。

改进产品开发流程

对我来说，这是人工智能最酷的应用之一，尤其是当涉及人工智能和创造力的时候。回到第 2 章人工智能创造力的案例，或者看看人工智能让蒙娜丽莎（Mona Lisa）“复活”的片段。生成式设计（generative design）是一个前沿领域，它是从机器能够像人类一样“创造”的理念中衍生出来的。

生成式设计意味着使用智能软件来增强人类设计师和工程师的工作。

通过生成式设计，设计和制造产品的公司可以从一个创意中快速生成多种设计，您只需输入设计目标和其他要求，然后让软件探索满足这些规范的所有可能设计即可。软件完成了所有繁重的工作，找出了什么是可行的，什么是不可行的，从而节省了许多时间，以及创建无法交付的原型的费用。生成式设计应用于建筑、设计、制造和施工等领域，具有改变设计流程的潜力。一个例子是，生成式设计软件被用于与著名设计师菲利普·斯塔克（Philippe Starck）合作创建一个新椅子的设计（他提出了总体设想，软件从此接管了工作）。[43]在另一个案例当中，美国国家航空航天局（NASA）使用生成式设计提出了类似蜘蛛状星际着陆器的概念。[44]

数字孪生技术（digital twin technology）本质上是为一个物理对象创建一个精确的数字复制品，它是产品设计的另一个变革性发展。多亏了物联网传感器（IoT，请参阅第 2 章），数字孪生才有可能实现，它可以从物理世界的事物中收集大量数据，然后通过机器重建这些数据。如果您可以创建产品的数字孪生，那么您就可以轻松地获得有关如何使该产品更好、更高效等令人难以置信的见解。利用从数字孪生中学到的知识，您能够以更小的风险（和费用）来改进实际产品。通用电气是数字孪生技术的早期采用者，雪佛龙公司有望使用数字孪生技术节省大量维护费用。

自动化内容生成

在第 2 章中，我概述了机器如何生成文本，以及我经常为之撰写的像福布斯等组织如何在人工智能的帮助下编写文章。在新闻和媒体世界之外，各种组织也都需要定期制作文本，包括产品说明和技术报告。

跨国电子商务领导者阿里巴巴推出了一款支持人工智能的文案撰写工具，该工具能够在短短1秒钟内生成20 000多行文本。[45]该工具被称为AI-CopyWriter，可从现有文本（例如网站上的产品页面）中学习，并可以自动生成相关文本。零售商和电子商务企业（例如Esprit、Dickies和淘宝网）已经在使用它。

另一个案例是，德国商业银行（Commerzbank）一直在使用人工智能，通过生成资本研究报告来节省研究时间和成本。尽管该过程尚未完全实现自动化，但该技术已经能够完成约75%的人类资本分析师的工作。当然，并不是只有德国商业银行在推出冗长的行业报告，像Quill平台（由Narrative Science提供）这样的工具旨在帮助组织快速、轻松地生成这些报告，而Forbes和Groupon等公司已经使用了Quill。[46]

改善制造流程

在制造业中使用机器人并不是什么新鲜事，新鲜的是“协作机器人（cobots）”。最新一代的机器人系统能够与人类并肩工作，增强人类工人的能力，并与人类劳动力无缝（安全）互动。得益于机器视觉等人工智能技术，协作机器人能够意识到周围的人类，并能做出相应的反应。例如，通过调整速度或反向操作来避开人类和其他障碍物，这意味着工作流的设计可以最大限度地发挥人类和机器人的作用。该种机器人易于编程、易于设置，平均价格约为 24 000 美元，协作机器人是帮助中小型公司与大型制造商竞争的可行选择。

许多公司已经能够使用协作机器人来提高效率并降低制造成本。例如，在德国科隆的福特嘉年华（Ford Fiesta）工厂，人类工人和协作机器人在装配线上共同努力，将减震器安装在汽车上。在亚马逊配送中心，协作机器人将货架上的商品带给人类工人以用于装运，从而将完成订单所需时间从 1 小时以上减少到 15 分钟。

现在，我们甚至拥有能够构建其他机器人的机器人。瑞士机器人技术公司 ABB 斥资 1.5 亿美元，在中国建立了一家先进的机器人工厂，该工厂能够使用机器人制造机器人。[47]

3D 打印是改变制造业的另一项创新，现在可以 3D 打印各种东西，甚至包括巧克力和汉堡包。电动汽车和其他汽车的车身以及房屋均已实现了 3D 打印。通过将 3D 打印与机器人技术和人工智能分析相结合，制造商可以获得更高的效率和成本节省。例如，Autodesk 的 Netfabb 3D 打印软件，使用机器学习来生成和评估用于 3D 打印生产的数字模型。

在制造业的其他方面，联网的物联网设备的兴起，促使人们对机器性能有了更深入的了解，从而使企业可以更加主动地做好机器维护——被称为“预测性维护”的开发项目，旨在问题发生之前识别并解决问题。第 4 章中的通力智能电梯的案例，很好地说明了实践中的预测性维护。另一个案例是，现场服务管理提供商 ServiceMax 创建了一个由物联网驱动的平台，称为联网的现场服务（Connected Field Services），以帮助公司切换到预测性维护模式。ServiceMax 的最终目标是希望该平台将有助于保证关键设备正常运行时间的可用性达到 100%。[48]

改进招聘和其他人力资源流程

就以人为本而言，人力资源（HR）与人工智能并不是一个明显的匹配。然而，人们正在人力资源流程中迅速发现人工智能的许多用途，包括招聘。对于像联合利华（Unilever）这样的大型雇主来说，每年招聘约 30 000 人，处理 180 万份求职申请，找到方法来简化和改进耗费大量时间和资源的招聘流程至关重要。此时人工智能便派上了用场。

联合利华与人工智能招聘专家 Pymetrics 合作，创建了一个在线平台，能够对在家中的应聘者进行初步评估（当您考虑应聘者来自世界各地时非常有用）。首先，要让应聘者玩一系列游戏，以测试他们的天赋、逻辑和推理能力，以及对风险的偏好。然后，机器学习算法通过将候选人的个人资料与以前成功的雇员的个人资料进行比较来评估结果，以评估候选人是否适合他们所申请的职位。

在招聘的第二阶段，应聘者提交视频面试，然后再次通过机器学习算法（考察所用语言和肢体语言等因素）进行评估，以判断谁是最合适的人选。联合利华表示，由于自动筛选候选人削减了约 70 000 人小时的面试和评估候选人的时间。通过自动筛选阶段的应聘者，随后会与公司的主管和招聘人员见面。

这个自动筛选系统的另一个优点是，它能够向所有不成功的申请者提供反馈。与这么多的申请者联系，这对人力资源部的工作人员来说是不可能的事情，而使用此系统，每个申请者都会获得几页反馈，这对他们将来的工作申请是有帮助的。

而对于那些成功晋级并以员工身份加入联合利华的人，该公司采用了人工智能聊天机器人以帮助新手入职。该机器人称为 Unabot，基于微软的机器人框架构建，它使用自然语言处理系统（NLP）来了解员工想要了解的信息并为他们获取正确的信息。现在，对于任何员工所提出的问题，从他们有多少假期、津贴，到最好的停车地点，Unabot 都是他们的"前台"。

实际上，聊天机器人越来越多地被各种规模的组织使用，用来直接回答员工提出的问题，甚至用于进行员工调查。作为一个现成的 HR 聊天机器人解决方案的一个例子，Polly 机器人能够进行员工调查并收集员工反馈，使企业能够监测员工的感受，并在员工士气问题升级之前将问题解决在萌芽状态。

自动化 IT 流程

一系列 IT 流程可以通过人工智能实现自动化或得到增强，检测网络钓鱼电子邮件是一个突出的例子。随着网络钓鱼诈骗变得越来越复杂，用于检测和阻止诈骗者的工具也越来越多。网络安全提供商 Webroot 使用机器学习来改善对网络钓鱼诈骗的检测（网络钓鱼设计的目的是将受害者引导到伪造的网站，并让他们分享自己的银行或信用卡详细信息、个人信息或登录信息），并编制一个不断增长的非法网站数据库。新的网络钓鱼骗局不断涌现，如果没有人工智能的强大计算能力和分析能力，应对新的威胁几乎是不可能的。

以前更新 Webroot 网络钓鱼模型（识别并阻止网络钓鱼行为）的周期通常在 3～5 天，每周更新 1～2 次新的威胁。如今得益于机器学习和强大的计算能力，该时间已缩短为 3～5 小时，这意味着现在可以每天对模型进行几次更新。当您考虑公司每天要识别 2000～6000 个网络钓鱼站点时，这一改进至关重要。

使用人工智能检测欺诈

万事达卡（Mastercard）是使用人工智能来帮助检测和防止欺诈的许多组织之一，同时减少了客户因真实交易被拒绝而产生的沮丧情绪。根据万事达信用卡的调查，由于信用卡被拒，三分之一的人已经从零售商那里撤回了订单，这些所谓的“错误拒绝”给企业造成的损失是实际信用卡欺诈造成损失的 13 倍。通常，当真正的交易被拒绝时，是因为它在某种程度上被错误地标记为欺诈，但万事达卡正在使用人工智能（特别是预测分析和机器学习）来提高其欺诈检测的准确性，从而将错误拒绝率降低了 50%。

万事达卡每年在全球 4500 万个地点处理 750 亿笔交易，并生成源源不断的数据流。关于是否拒绝交易的决定是基于自学算法，这些算法从这些源源不断的数据流中学习（与传统方法中的固定、预先设想的规则相反），以确定交易是否可能是欺诈性的。这不仅有助于大幅降低错误拒绝率，而且还发现了价值数十亿美元的实际欺诈行为。

提高运输和物流效率

在第 4 章中，我们看到了运输相关产品（如汽车和轮船）如何在人工智能的帮助下变得更加智能，这为从比萨饼配送公司到渡轮运营商在内的各种组织带来了效率。

对我来说，无人机和自动渡轮是运输和物流行业中特别有趣的领域，尽管与自动驾驶汽车和货车相比，无人机和自动渡轮受到的关注要少得多。虽然我们离完全自主的船舶成为标准还有一段距离，但对于那些在水上运输人员和货物的人们来说，人工智能增强的流程可以帮助提高安全性和效率，并将人类从不安全和重复的任务中解脱出来。根据安联保险公司（Allianz）的一项研究，75%～96%的海上事故是由人为失误造成的，[49]这表明自主船舶可以使我们的海洋更加安全。更重要的是，减少船员数量可以为航运供应商带来可观的节省，不仅是在工资方面，而且在船员的供给方面也是如此。由于与船员有关的开支约占一般预算的 30%，这可能会对利润产生巨大影响。[50]

如果您的公司通过海运或其他方式运输产品或组件，那么这一旅程或流程的一部分很可能在将来以某种方式实现自动化。例如，福特（Ford）推出了一款双腿机器人，它可以折叠到自动驾驶汽车的后部，当汽车到达目的地时，这个被称为“数字（Digit）”的机器人会从后部展开，完成最后一步的交货，[51]像这样的发展可以彻底改变包裹的交付过程。

改善零售运营

美国眼镜零售商沃比帕克（Warby Parker）就是一个很好的案例。该公司使用人工智能简化了帮助客户找到合适产品的过程。我十几岁的女儿是戴眼镜的，她自然想要最新的时尚设计镜框，但不一定清楚哪种形状、款式和颜色最适合她。解决此问题的传统方法是，在周六早上与店员一起在店里待上很久，尝试许多不同的镜框，而我的其他孩子则开始无聊地抓狂。谢天谢地，人工智能伸出援手，把我们从这类恐怖中解救出来。沃比帕克使用人工智能和增强现实技术（AR，请参阅第 2 章）帮助顾客通过手机虚拟地“试戴”眼镜。沃比帕克的应用程序通过使用 iPhone X 的摄像头和 Apple 的人脸识别面部扫描功能可以创建客户面部的详细图谱，并能够推荐最适合其脸型的镜框。之后，顾客就可以看到他们佩戴眼镜的 3D 预览。

像这样的技术可以改变零售流程，促进销售，在许多情况下还能减少客户退货。例如，专门从事豪华二手手表生意的电子商务平台 WatchBox，在其应用程序中使用了支持 AR 的功能，能够让客户看到他们感兴趣的手

表在现实生活中戴在手腕上的样子。当您考虑到大约三分之一的网购商品被退回时，这样的功能可以为零售商节省大量的时间、麻烦和开支。另一家电子商务公司正利用人工智能预测未来 30 天内将售出的商品，从而降低退货。德国公司奥托（Otto）经分析发现，如果顾客在两天内一次拿到所有订购的东西，而不是分多次拿到所订购的东西，那么顾客退货的可能性就会较小。然而，对于（像亚马逊一样）奥托销售其他品牌的产品来说，为顾客一次进齐并一次发齐货物，是一项很大的挑战。为解决这个问题，Otto 使用深度学习算法（请参阅第 2 章）分析了 30 亿笔过去的交易和诸如天气数据之类的变量，以预测客户未来 30 天想要购买的商品……其准确度达到了 90%。[52]有了这些知识，公司就可以提前订购正确的产品，从而可以一次性运送包含多个项目的客户订单。实际上，此过程完全不需要任何人工干预，系统每月自动从第三方提供商处订购约 200 000 种产品，结果使得每年减少的产品退货超过 200 万件。更重要的是，这家公司并没有因为自动化而造成员工下岗，反而雇用了更多的工人。

人工智能还可以帮助零售商提高店内效率。例如，亚马逊在其不断发展的 Amazon Go 杂货店和便利连锁店中，正在使用人工智能（特别是机器视觉）来取消人工结账流程。顾客进入商店时只需扫描自己（使用智能手机上的 Amazon 应用程序），从货架上取走他们想要的东西，然后离开即可。之所以可以这样做，是因为摄像头会在客户进店时跟踪他们的情况，监控他们拿了什么，然后自动从其 Amazon 账户中扣款。想象一下：无须排队结账，无须交纳现金，最棒的是没有“包装区的意外物品”。

沃尔玛也在 1000 多家商店里使用计算机视觉技术，不是为了完全取消结账，而是为了对抗“缩水”——失窃和扫描错误造成的损失。这项举措被称为“漏失扫描检测”（Missed Scan Detection），它涉及在自助结账机和常规收银员结账处使用摄像头，以自动识别何时未正确扫描物品（无论是偶然还是有意的）。当识别出错过的扫描时，系统会提醒工作人员。据估计，沃尔玛每年的“缩水”额可能超过 40 亿美元，这样的技术可能会对利润产生巨大影响。到目前为止，一切都还不错，部署了“漏失扫描检测”的商店，其“缩水”率出现了下降。

快餐业自动化

人工智能和机器人技术正在快餐行业掀起一股浪潮，尤其是在食品配送方面。在第 4 章中，我提到了 Dominos 如何使用送货机器人来提高送货效率。总部位于加利福尼亚的 Zume Pizza 向我们展示了许多比萨饼制备过程也可以实现自动化。尽管该公司后来将重点放在了业务的另一部分，但它证明了实现它的可能性。当一位顾客（通过 Zume 应用程序）下订单后，一个叫面团（Doughbot）的机器人开始工作，在 9 秒钟内将一个面团做成比萨饼基。然后，另外两个名为乔治（Giorgio）和佩佩（Pepe）的机器人将酱汁倒在饼基上。接着，另一个机器人玛塔（Marta）将酱汁在饼基上均匀地摊开。放置馅料仍然太棘手，机器人无法处理——馅料的多少和质地不同，很难实现自动化，因此，人类不得不介入这一环节。接着又回到了机器人同事的身上，机器人布鲁诺（Bruno）和文森佐（Vincenzo）把比萨饼铲进并铲出烤箱。

用机器人采摘水果

尽管农业一直是人工智能和机器人技术的热心采用者，但采摘树莓等嫩果却一直是人类采摘者的保留地。直到现在，机器人还没有具备柔软的水果所需要的温柔触感。世界上第一个采摘树莓的机器人最近在英国西萨塞克斯郡（West Sussex）的一个农场进行了试验，这或许预示着采摘水果的新的、自动化的未来。人类水果采摘者通常可以在 3 小时的班次中采摘大约 15 000 枚水果，但预计机器人每天可以采摘 25 000 多个树莓。在传感器和摄像头的引导下，这台 1.8 米高的机器可以识别成熟的水果，并用机械手轻轻地将其摘下，然后把水果放在托盘里，并根据成熟度对其进行分类，接着倒入果盒中准备运输。这款机器人的最终版本预计即将于今年投入全面生产，它将有 4 个机械臂同时进行采摘，每天最多可采摘 20 个小时。在中国，该机器还在西红柿的采摘方面进行了试验。

使建筑施工更安全

建筑业死亡人数比其他任何行业都多，[53]其中坠落是建筑工地的主要风险因素。但是人工智能已经在帮助建筑业成为一个更安全的行业，如借助 Autodesk 的“建筑智商（Construction IQ）”工具，能够预测何时可能发生坠落和其他伤害。Autodesk 的数据科学家在试图为现代建筑工地上收集的大量数据寻找应用时，猛然想到了这个办法（建筑行业一直是移动和物联网设备的积极采用者，如检测混凝土何时可以使用的传感器）。

Construction IQ 从施工现场获取数据，尤其是借助于承包商和分包商在现场时创建的注释，并使用自然语言处理系统 NLP 分析文本，评估风险并警告潜在危险，证据表明该软件已经使建筑工地更加安全。我采访过的一家建筑公司 BAM Ireland 告诉我，多亏了 Autodesk 的软件使他们的现场质量和安全问题减少了 20%。

关键要点

在本章中，我们了解到：

- 各行各业中，组织都在使用 AI 来增强和自动化其一些内部业务流程，包括销售、人力资源、制造和物流。
- AI 赋能企业运营的好处包括降低成本、提高流程效率、改进绩效、增加销售等。
- 通过人工智能增强内部运营，并不一定意味着在技术、基础设施和专门技能方面的巨大投资。从机器人流程自动化工具（RPA）到高级数据分析工具，有许多现成的解决方案可以相对轻松地在组织中进行部署。

我希望这一部分的各章已经向您证明了人工智能来增强您的产品、服务和业务流程的价值，并展示了公司通过人工智能实现重大改进、成本节约、客户洞察等令人兴奋的方式。但如何将这些转化融入您自己的企业呢？您应该从哪里开始着手？如何创建适合公司独特需求、目标和挑战的人工智能战略？这就是本书第3部分的全部内容，即如何将您的企业转变为人工智能企业。第一步：如何为您的企业找出最有价值的人工智能机会。

第 3 部分　为智能革命做好准备

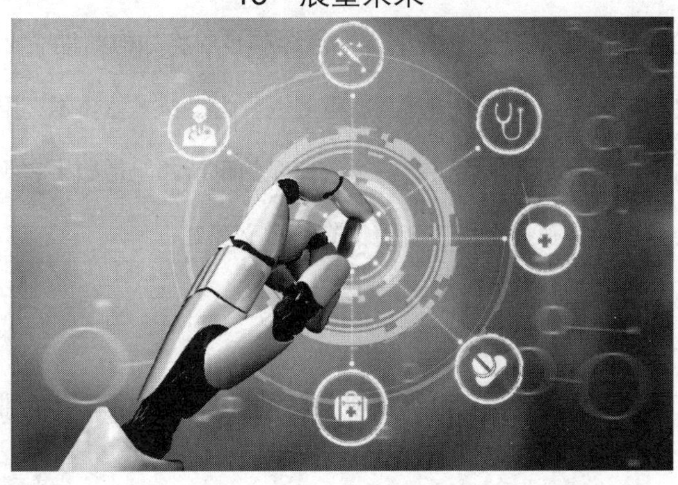

07 在企业中寻找人工智能机会

到目前为止，本书中我们研究了组织使用人工智能推动成功的多种方式。但和企业的任何方面一样，对一家公司有效的东西可能对您的公司不起作用。本章将帮助您制定一项可靠的人工智能战略，这项战略是根据您的企业需要而设计的。

 忘掉技术，人工智能始于战略

人工智能可能意味着企业的重大变革，而这些变革有时可能是破坏性的、昂贵的、耗时的。因此，无论您是在实施新的人工智能驱动的流程，重新设计使服务更智能、使产品更聪明，还是任何其他事情，重要的是，您要知道为什么要进行此类变革，知道这些步骤将如何帮助企业实现目标、发展和繁荣。如果您不知道，就有陷入“为了技术而技术”陷阱的危险。是的，人工智能可以做出一些令人惊叹的事情，但是如果它不能帮助您推动企业成功，那拥有人工智能又有何意义呢？

避免为了人工智能而人工智能

人工智能令人兴奋，它最终将彻底改变每个行业的每一个企业，并将

被普遍接受。

所有这些陈述都是不争的事实，但同样不可否认的是，人工智能的实施可能非常复杂且昂贵，需要大量数据才能有效工作，并且可能需要一些时间才能获得投资回报。因此，重要的是不要因为技术的存在而急不可待地在这里、那里或任何地方实施人工智能。仅仅因为某些东西可以通过人工智能进行分析、自动化或增强，并不意味着就应该付诸实施，并不是每个问题都可以或应该用人工智能来解决（虽然您可以用手提钻敲碎核桃，但是胡桃夹子可以用更少的麻烦、噪音和费用达到同样的目的。人工智能也是一样的道理）。

因此，虽然您不应该对人工智能的潜力坐视不理，但不假思索地一头扎进去也同样糟糕，而且往往更糟。如果您没有明确的业务需求或目标，就永远不要急于采用人工智能（或其他任何技术）。归根结底，人工智能是基于您的企业目标和面临的独特挑战，来帮助企业找到潜在的解决方案的。

这就是您的总体企业战略的用武之地。将您的人工智能战略与企业战略联系起来，是确保人工智能为企业带来最大价值的最佳途径。您的人工智能战略应围绕寻找智能方法来实现公司的战略目标，回答最紧迫的业务问题和克服最大的业务挑战，换句话说，应该使用人工智能将您的公司战略变为现实。如果人工智能的潜在用途与您的企业战略没有联系，那就应该敲响警钟，并且用力地敲，因为您有为了人工智能而被人工智能扫荡的危险。如果人工智能的特定用途无法帮助您实现企业战略目标，那么花费和破坏就是不值得的。

确保您的企业战略仍然是有意义的

人工智能的最佳使用与您的战略性组织目标有关，这点毫无疑问。然而，太多的企业试图将人工智能应用于过时的企业战略或不再有意义的商业模式。例如，它们可能试图使已不再适应变化了的客户需求的业务流程自动化，或者可能将人工智能引入即将变得过时的产品中。因此，在开始制定人工智能战略之前，请花一些时间来评审您的总体企业战略，请扪心自问："我们的企业战略在这场智能革命中是否仍有意义？"如果答案是否定的，那么在考虑开发人工智能战略之前，您需要更新企业战略。请记住，对于许多公司来说，智能革命正在给其基础商业模式带来巨大变革，如苹果从一家产品公司转型为更像是一个智能服务提供商（在本章后面，请阅读有关其他公司如何改变其业务模式的案例）。

如果您确信自己的企业战略是现行有效的，那么您就可以开始确定人工智能如何帮助您实现企业战略。这些是您的人工智能机会或用例。下面先来看一个案例，再进一步了解更多内容。

壳牌的人工智能机会

荷兰皇家壳牌公司（Royal Dutch Shell）是我合作过的一家公司，我曾帮助其定义人工智能和数据方法。壳牌是一家并未受到很多科技初创公司挑战的企业（不像我们在第 5 章看到的金融行业）。但作为一家公司，壳牌认识到使用人工智能来实现其以下核心战略目标的重要性：

- 在能源转型中茁壮成长。
- 提供世界一流的投资案例。
- 维持强大的社会经营许可证。

让我们以其第一个战略目标为例——在能源转型中茁壮成长。能源市场目前正在发生巨大变化，壳牌认为人工智能是克服与转型有关的业务挑战的关键。鼓励驾驶者改用电动汽车是减少 CO_2 排放的关键部分，但其中涉及一些“鸡与蛋”的问题，即由于缺少充电桩，驾驶者不愿改换电动汽车，而由于需求不足，停车区运营商批准充电桩的速度又很慢。

为了帮助解决供需问题，壳牌在公共电动汽车充电站推出了人工智能，以全天监控、预测和管理对充电桩的需求。例如，如果许多驾驶者在上班路上充电，那么一大早就会给电网带来沉重负荷，而关键是太阳能无法填补这一负荷，因为时辰太早了。通过了解客户的使用情况，壳牌公司可以更好地预测负荷，并有可能改变客户的能源消费模式，以利用可再生能源（例如，鼓励更多的人在午餐时间充电，到这个钟点时电网上就已经有更多的太阳能了）。这意味着更多的能源需求可以用太阳能来满足，这有助于实现壳牌公司在能源转型中茁壮成长的目标，有助于降低消费者的成本，并鼓励其增加对电动汽车的需求。这项名为 RechargePlus 的计划目前已在美国加利福尼亚州推广。[54]

壳牌公司致力于利用人工智能来实现其目标是如此令人印象深刻，甚至受到了科技界的赞扬。微软首席执行官萨蒂亚·纳德拉（Satya Nadella）在2018年的Ignite大会上表示，壳牌对人工智能的使用“相当令人惊羡”，称“他们有一个在整个运营中使用人工智能、经过精心设计的战略”。人工智能软件公司C3 IoT的首席执行官汤姆·西贝尔（Tom Siebel）也曾表示：“壳牌拥有我们所知的全球最大的人工智能部署，其他人都在看，这些家伙却正在推广。”[55]

 准确界定企业中的人工智能机会

充分利用人工智能意味着为您的企业带来最大的机会。人工智能如何帮助您的企业实现战略目标？人工智能如何帮助您的企业克服最大的挑战？如本章前文所述，在评审您的企业战略之后，现在就可以开始创建相关的人工智能战略了。对我来说，这始于：

（1）确定人工智能在企业中的潜在应用（用例）。

（2）将这些潜在用例缩减到几个最重要的用例（1～3），再加上一两个能够“快速制胜”的人工智能用例，稍后我会解释“快速制胜”的含义。

步骤1：确定您的用例

在第一阶段，不要将自己局限于少数几个潜在的人工智能项目或用例，您将在下一阶段把例减少到更易于管理的数量。现在多考虑您的总体

企业战略，并考虑人工智能如何帮助组织实现这些目标。您总可以找到一个人工智能顾问来帮助自己完成这一过程。

因为您的人工智能用例将由企业战略驱动，所以每个公司都有自己独特的用例集。一个公司的人工智能优先项可能与另一公司无关。但是，正如我们在第 2 部分中所看到的，组织使用人工智能的一般路径如下所示（其中一些可能适用于您的企业，您可能还有其他应用，这些应用更具体地针对您的行业、企业挑战等）。

- 使您的产品更加智能化。
- 发展更加智能化的服务。
- 加深对客户的了解。
- 使企业流程更加智能化。
- 使企业核心功能自动化。
- 使耗时、重复或单调的工作自动化。

在确定了企业中的某些潜在应用后，之后就可以更详细地充实这些应用。为此，我建议您使用附录中随附的人工智能用例模板（AI Use Case Template）（见附录中的图 7-1）。

在模板中，您有 10 个模块需要完成，每个模块旨在帮助您更详细地定义每个用例。我们的想法是为每个用例填写一个单独的模板。

因此，按顺序填写模板，对于每个用例，您需要考虑以下内容。

（1）与战略目标相联系。首先，将用例与战略性企业目标联系起来是至关重要的。人工智能的使用将如何帮助企业实现其目标、发展和繁荣？换言之，为什么首先要费心去惹这些麻烦呢？是为了避免人工智能而推广人工智能。

（2）**人工智能目标。**在这里，您可以更详细地定义与人工智能相关的目标。具体来说就是，您希望通过使用人工智能实现什么？例如，您可能正在寻找解决特定的重大问题的方法，回答重要疑问、增加收入、减少员工流动率、改善健康和安全性等。

（3）**衡量成功（KPIs）。**本模块用来回答以下问题："该人工智能项目的成功是什么样子的？我们将如何衡量成功？"要尽可能具体，并确定您将使用哪些业务指标/KPI来跟踪人工智能目标的进度。

（4）**用例负责人。**以我的经验，如果您不让某人对一个项目负责，项目就永远不会完成。那么企业中谁将负责这个人工智能用例呢？当然，用例负责人可能需要寻求他人的帮助（也许来自企业内部和外部），但重要的是，要有一个人对项目总负责。

（5）**人工智能方法和需要的数据。**正如我们在第 2 章中所看到的，人工智能包含许多细分领域（例如机器学习、深度学习、计算机视觉等），并涉及许多其他技术趋势（例如物联网设备、区块链等）。要实现人工智能目标需要哪种方法？需要哪种数据？您可在第 10 章中阅读到有关此内容的更多信息。

（6）**伦理和法律问题。**翻阅到第 9 章，可详细了解人工智能的伦理

和透明度需求，目前这是一个巨大的话题。您需要考虑人工智能用例的潜在法律影响（包括许可和数据隐私），以及伦理影响。换句话说，就是如何确保人工智能的使用能够对企业、员工和客户产生积极的贡献。

（7）技术和基础设施。每个用例很可能需要对技术和基础设施进行一些更改。在这里，您要考虑实现人工智能目标可能需要哪些系统、软件和硬件。您可以在第 11 章中了解到有关技术和基础设施的更多信息。

（8）技能和能力。人工智能也带来了一些关于技能、能力、产能和资源的挑战，特别是对于中小型公司。考虑可能会阻碍您实现人工智能目标的技能差距，以及如何弥补这些差距，这里可能涉及培训人员、雇用新人或与外部提供商合作。请在第 8 章中了解有关人工智能的人员和技能方面的更多信息。

（9）实施。在这里，您可以确定要实现人工智能目标需要克服的潜在实施挑战和障碍，这可能会涉及一些领导力方面的挑战。这些内容我将在第 12 章中详细讨论。

（10）变革管理。通常将之归入实施模块，但我倾向于将其分离出来，以强调认真管理与人工智能相关变革之间的关系是多么重要，毕竟，人工智能可能会导致企业运营方式的重大变化。例如，如果您要自动化或简化流程，这可能会影响员工的工作，那么您如何在推广积极的人工智能文化的同时管理对员工的影响问题？ 我在“人与文化”一章（第 8 章）中对此进行了详细介绍。

重复此过程，并为您确定的每个人工智能用例完成相同的模板。该过程将帮助您按照战略重要性的顺序评估用例并确定其优先级，这使我能够……

步骤 2：确定您的人工智能优先事项

您在上一阶段根据企业情况可能已经确定了多达 10 或 15 个用例。试图一次启动太多的人工智能项目会带来灾难，所以您现在需要根据用例对企业的战略重要性来进行排列。您最终想要得到的是：

- **您的前一、前二或前三关键战略用例。**这些都是目前绝对最优先考虑的人工智能用例，它们代表着企业最大的机遇，或者将帮助企业解决最大的挑战。如果您是一家规模较小的企业，可能一次只想关注一个关键的人工智能优先事项；对于一个较大的企业，关注两三个关键的人工智能优先事项应该是可行的。但是不要试图优先考虑三个以上的关键人工智能用例——坚持较少的数量，可以确保您的人工智能战略始终专注且可实现。
- **一两个“快速制胜”的人工智能用例。**我发现找出一到两个短期的、较小的人工智能项目确实有帮助，这些项目相对快速、简单、廉价。您的关键人工智能优先事项可能需要一些时间来实现，因此确定一两个“快速制胜”的项目可以让您展示人工智能的价值，帮助赢得人们的支持，并为人工智能文化播下种子。

确定了人工智能优先事项后，您就可以开始确定这些用例中的共同主题、问题和要求。我同样也准备了一个模板，参见附录中的人工智能战略模板（见附录中的图 7-2）。该模板构成了您正式的人工智能战略的基础。

看一下这个模板。您将看到在顶部有一个、两个或三个最为紧迫的人工智能优先事项以及一两个“快速制胜”的用例。模板的其余部分被分解为技术和技能等要求（您从上一步的人工智能用例模板中已经熟悉了这些需求）。在每一个模块中，您的任务是确定在最高优先级和“快速制胜”用例中常见的挑战、主题、活动、问题和目标。我们之所以这样做，是因为即使每个用例/人工智能项目都不尽相同，它们也必然会遇到一些共同的问题或挑战，例如访问正确的数据。通过尽早识别这些共同的主题，就可以找到最有效率和效果的方法来克服它们。

因此，按照模板的顺序，来确定您的：

- **共同的数据策略问题。**人工智能没有数据是无法工作的，此时您需要重新审视数据策略。您可以在第 10 章了解有关数据的更多信息。
- **共同的伦理和法律问题。**有关更多信息，请参阅第 9 章。
- **共同的技术和基础设施问题。**有关更多信息，请参阅第 11 章。
- **共同的技能和能力问题。**这些与人有关的问题放在第 8 章中介绍。
- **共同的实施问题。**第 12 章探讨了共同的领导力挑战。

- **共同的变革管理问题。** 既是领导力挑战（第 12 章），又是人员/技能问题（第 8 章）。

完成此模板将帮助您确定人工智能优先用例中贯穿各用例的主题、问题和挑战，此外，它还可以作为一个方便的、一页纸的提示单，提示您试图通过人工智能实现什么。根据人工智能优先用例的复杂性，您可能还需要制定一份更详细的叙述性战略文件，以更长的篇幅概述上述每一项考虑因素。

对于那些尚未成功使用并且暂时还未被优先考虑的用例，请不要将其完全丢弃。当您完成一个人工智能项目时，可能会发现有能力转移到另一个用例上，或者发现整体战略优先级发生了变化，这意味着前一段时间确定的人工智能用例变得不再重要。因此，我建议您至少每年一次或每次评审总体企业战略时，重复此过程来确定用例并确定其优先级。

向使用人工智能的企业学习

在这里，我想重点介绍一些公司是如何成功实施人工智能，以克服企业挑战和实现战略重点的。

传统企业

我在本章前面提到了壳牌，让我们先简单地回顾一下这个案例，看看

壳牌是如何推出它的人工智能用例的。壳牌首先评审了其整体组织战略，以确保这些战略目标仍然具有相关性。然后，我们在整个企业范围内举办了一系列研讨会，不仅是与IT人员，还包括各个业务部门，以探索人工智能的潜在机会。之后，依照前面所述流程，我们更详细地定义了这些机会，并根据公司最紧迫的业务需求确定了用例的优先级。尽管壳牌是一个拥有可观资源的大型组织，但我们仍将自己局限于不超过3个人工智能战略优先事项，再加上一些能够快速制胜的用例，因为即使是大公司（有人会说特别是大公司），也会有被人工智能的刺激所迷惑的风险，而忽略了他们正在努力实现的目标。

壳牌是一个在历史悠久的行业中运营了一个多世纪的企业（尽管这个行业正在经历巨大的变革），而那些从一开始就专注于技术的新兴企业又是如何应对智能革命的呢？

技术开拓者

亚马逊和阿里巴巴直到现在都被认为是大数据和人工智能即服务领域的领导者，但重要的是要记住，它们起初并不是我所说的“人工智能原生（AI-native）”企业。它们最初在电子商务领域（亚马逊是一家在线图书零售商，阿里巴巴是一家综合在线零售商），显然从一开始他们就专注于技术。但两者都不是以人工智能为核心构建的，对亚马逊和阿里巴巴来说，人工智能的出现均较晚，但两家企业却将人工智能运用得如鱼得水。

今天，亚马逊和阿里巴巴已将人工智能置于它们所做一切的核心位置——更智能的产品（如第 4 章中的 Alexa 和 Echo）、更智能的服务（如第 5 章中所述亚马逊的个性化客户推荐）和更智能的商业运营（如第 6 章中阿里巴巴的人工智能驱动文案工具）。

阿里巴巴是全球最大的电子商务市场，其全球销售额超过亚马逊和 eBay 的总和。[56]它使用人工智能来促进在线销售并管理客户查询。例如，它的人工智能聊天机器人“店小蜜”每天为 350 多万客户提供服务，成功地理解了 90%以上的查询。阿里巴巴还使用机器人在自动化仓库中完成订单，该仓库每天可处理 100 万次发货。阿里巴巴甚至把实体店变成了智能商店，在其天猫品牌下对大约 100 万家夫妻店和 100 家超市进行了全面升级，增加了人工智能驱动的应用程序和热传感器等技术，以跟踪人流量情况。

同样，亚马逊也将人工智能置于一切工作的中心。人工智能增强了 Alexa 理解和响应用户请求的能力，为其网上购物体验提供了动力——从搜索结果到预测顾客想买什么。通过亚马逊的云计算子公司亚马逊网络服务（amazon web services），亚马逊正在让那些没有技术、技能和能力来部署人工智能的公司能够使用人工智能。

这些案例表明，即使是精通技术的企业，也不得不围绕人工智能进行重组。亚马逊和阿里巴巴真正给我留下深刻印象的是，这两家公司的不同部门如何天衣无缝地支持人工智能。建立“人工智能文化”对于成功部署

人工智能至关重要，亚马逊和阿里巴巴都展示了这种文化如何在整个企业中助推成功。

人工智能原生企业

TikTok 和头条应用程序背后的公司字节跳动（ByteDance）是世界上最有价值的初创公司。[57]与亚马逊和阿里巴巴不同，字节跳动从一开始就是一家人工智能公司，其所有产品（例如 TikTok 和头条）都使用人工智能交付用户最想看到的内容。字节跳动的系统使用人工智能技术（例如计算机视觉、自然语言处理和机器学习，请参阅第 2 章）来理解和分析书面内容、图像和视频。然后，基于系统对每个用户的了解，他们可以交付他们认为每个用户想要的内容。用户与应用互动的次数越多（阅读文章、观看视频、发表评论等），机器学习算法就越能理解用户的偏好和兴趣。

这里的主要经验是，字节跳动不是一家将人工智能集成到其产品和服务中的公司，对于字节跳动来说，人工智能本身就是其产品和服务。

转型后会改变整个商业模式吗

大多数公司永远不会达到像字节跳动、亚马逊和阿里巴巴这样的人工智能高度，也不需要如此大规模地应用人工智能。但有趣的是，许多公司开始将自己视为人工智能企业。苹果公司就是我已经提到过的一个例子——从计算机制造商转型为一个提供智能产品以及越来越多智能服务的公司。

但即使在技术世界之外，人工智能、大数据和智能革命也开始影响组织运营所依据的商业模式。让我们来看以下几个案例。

温布尔登：全英草地网球俱乐部（AELTC）如何转型为数据驱动的媒体组织

在第 5 章中，我简要提到了如何使用 IBM 的 AI Watson 工具自动创建网球比赛的精彩片段。我绝对热爱温布尔登网球公开赛，所以让我再详细讲一讲这个案例。在 2019 年，我很幸运地了解到全英草地网球俱乐部（AELTC）和 IBM 如何使用人工智能来提供出色的用户体验的幕后花絮。

2018 年，AELTC 从 BBC 手中接过了温布尔登锦标赛的转播权，这意味着电视摄像机和广播输出现在由一个名为“温布尔登广播服务”的企业内部控制。[58]这是 AELTC 深思熟虑的行动的一部分，即将 AELTC 从网球俱乐部转变为数据驱动媒体组织——一个能够为全球观众创建和定制内容，并且通过与 IBM AI 技术的合作为观众提供令人兴奋的数字体验的组织。

举个例子。温布尔登现在提供了一个在线和基于应用程序的增强现实体验，能够让球迷们看到在练习场上正在发生的事情，这通常是禁止公众进入的领域。而且，正如我在第 5 章中提到的，球迷们现在可以观看由 IBM Watson 使用视频分析和声音分析策划的每日精彩片段（本质上是根据运动

员姿势和人群反应等因素来确定当天比赛中最激动人心的部分)。使用人工智能，从数百小时的镜头中创建精彩片段的过程，现在可以在比赛结束后的两分钟之内完成。此外，IBM 还引入了一个叫作 OpenScale 的新工具，以确保在生成精彩片段时没有偏差。例如，如果某些比赛的人群规模较小，人工智能可以将这一因素纳入精彩片段排名过程，以确保以公平、平衡的方式生成精彩片段，同时确保不会错过任何激动人心的时刻。

有了像这类支持锦标赛的技术，AELTC 正在迅速转型成为一个自己能够完全控制输出的人工智能驱动的媒体组织。

App 时代的银行业：一家银行如何将自己视为一家软件公司

在第 5 章中，我提到了有不少传统银行一直在努力防范和打击金融科技初创企业，这些初创企业正在进入自己的领地，提供更酷、更具竞争力的产品。许多历史悠久的银行在采用人工智能方面面临重大挑战，例如：

- 笨拙的旧版 IT 系统。
- 一种不太重视人工智能的文化。
- 将银行业视为一种每个人都需要的公共设施的思维模式。坦率地说，这导致一些银行忽略了为客户增加真实价值的需要。

结果，许多金融科技初创公司已经能够进入传统银行领域，并通过增值服务吸引客户。例如，Pleo 提供了带有随附应用程序 App 的商务信用卡，该 App 可以自动管理用户的花费。用户可以为他们的收据拍照，或者如果已经通过电子邮件发送了收据，则应用程序将识别收据并自行上传详细信息。然后，该交易会自动分类为正确的费用格式（例如，在加油站花费的是食物还是燃料），这意味着用户不再需要花费宝贵的时间来完成费用报告。新一波的金融应用程序 App 一直在挑战传统的活期存款账户和储蓄账户，以许多传统银行所没有的方式帮助人们储蓄和管理自己的资金。例如，基于 App 的银行 Monzo 能够为客户提供完整的经常账户服务，同时提供增值服务，例如让客户将交易额四舍五入到最接近的英镑，将差额存入单独的储蓄罐。

但一些传统银行正在反击这些放肆的新贵。以西班牙第二大银行西班牙对外银行（BBVA）为例，该银行的历史可以追溯到 1857 年。BBVA 一直将人工智能作为其转型战略的核心，早在 2015 年，当时的公司执行董事长就宣称“BBVA 未来将是一家软件公司”，创建以客户为中心的平台是其首要任务之一，其中包括一套移动银行 Apps。其与 Google Cloud 协作创建的 Bconomy 应用程序，通过预测下月收入和支出来帮助用户管理资金。BBVA 的 Valora 应用程序可向购房者提供待售房屋的价格信息，以及附近出售的类似房屋的可比销售数据。该公司还拥有一个基于人工智能 App 内的数字语音助手 MIA，其允许客户使用语音命令完成交易。BBVA 也一直在金融科技并购上投入大量资金，投资金额估计约为 10 亿美元，它现在成了纯数字银行 Atom 的最大股东。[59]所有这些努力都开始得到回报，Forrester Research 在 2018 年的一份报告中，将 BBVA 评为全球移动

银行应用程序之首，[60]这无疑使该公司更接近成为软件公司的目标，而不仅是一家简单的银行提供商。

关键要点

在本章中，我们了解到：

- 成功的AI始于战略，而不是技术本身。您的AI战略应该与您的总体企业战略联系起来，这意味着AI应该可以帮助您实现组织目标，但首先请确保您的总体企业战略是最新的并且适合于智能革命，不要将AI应用于过时的企业战略。
- 创建您的AI战略要从以下两个步骤开始（这两个步骤均由附录中的模板辅助）：
    - 确定人工智能在您企业中的潜在应用（用例）。
    - 按战略重要性对这些用例进行优先排序。要包含一个、两个或三个最佳战略用例，再加上可以快速实施以证明AI价值的一两个“快速制胜”的用例。
- 至少每年或者每次评审您的企业战略时，重复这一过程来确定您的人工智能用例并确定其优先顺序。
- 从历史悠久的公司到科技初创公司，再到AI原生公司，AI越来越成为组织的中心。对于许多组织来说，人工智能、大数据和智能革命正在带来组织商业模式的变革。

确定和优先使用人工智能是一回事，将它们变为现实则是另一回事。对于任何一个要成功实施人工智能的组织来说，建立一种拥抱人工智能的文化至关重要，尽管它可能会给组织带来很多变化。在下一章中，我将探讨人工智能对您的企业员工意味着什么，以及如何让您的员工参与到智能革命中来。

08　满足人类和文化需要

没有合适的人员和文化，企业就无法成为一个智能化组织。如果没有正确的技能和能力，或者整个公司都没有人工智能和数据计划，那么任何行业都不会成功地使用人工智能。这就是为什么我认为本章是本书中最重要部分。

从本章开始，我将探讨人工智能的进步如何改变我们的工作方式。诚然，随着工作环境的变化，无论是在个人层面，还是在组织层面，一套不同的技能和能力对于成功而言都将变得更加关键。我们不仅在谈论技术技能和能力（尽管它们显然很重要），还在谈论软技能，如应对变化的能力，或者解决问题和找到创新解决方案的创造性思维的能力。

随着组织的发展，认真思考如何让公司各个层面的所有人参与这一进程非常重要。变革总是使人们感到紧张，因此组织必须努力应对变化，克服恐惧并建立积极的人工智能文化，将人工智能和数据视为成功的关键要素，视为让我们所有人更好的工作机会，而不是令人恐惧的事物。

最后，我在撰写本章时不仅考虑到了组织的需求，还考虑到了个人的需求。换句话说，我希望本章能促使您思考自己的技能和能力，以及可能需要学习和发展的领域，以便为您的组织增加价值并确保自己的职业发展。

工作世界将如何改变

技术总是带来新的工作方式，想想计算机和数字技术（第三次工业革命）对我们的工作方式所产生的影响，而第四次工业革命——智能革命，从纯粹的变化速度来看是前所未有的。毫无疑问，人工智能将从根本上改变人类所做的工作（并且，正如我们将在本节中看到的那样，有可能改变我们对工作的看法）。但是，我们这里不谈论代际变化，不谈论您的子孙将来如何做全新的工作（尽管他们会做），我们谈论的是在您的工作生涯中，未来 5 年、10 年或 20 年内将发生的巨大变革。您个人和您的组织必须开始为这些变化做准备，因为，请相信我，它们正在朝我们走来。

自动化对未来的影响

提高自动化是一个很明显的起点，因为人工智能的一个共同主题是“恐惧：机器人将取代我们所有的工作”。我不想低估它，在许多行业和工作中，自动化的影响会被强烈感受到，但我确实想给出比人们常说的“所有工人都注定要失业”更加正面的评价。

不过，首先让我们从鲜明的数字开始。为了解自动化对未来的影响，普华永道（PwC）分析了 29 个国家/地区的 200 000 多份工作，它发现：[61]

- 到 2020 年代初，将有 3%的工作面临自动化风险。
- 到 2020 年代后期，这一比例将上升至近 20%。

- 到2030年代中期，将有30%的工作机会面临潜在的自动化风险。对于低学历的工人，这一比例将上升到44%。
- 任何行业都会受到这些变化的影响，但某些行业受到的影响会大于其他行业。
- 到2030年，人工智能、机器人技术和自动化可能会为全球GDP带来15万亿美元的潜在增长。

最后一点提供了一些关键的平衡项。毫无疑问，尽管自动化将取代许多现有工作，但普华永道预测，自动化也将产生对许多新工作的需求。换句话说，它将创造新的工作和新的机会。我倾向于此观点。就像先前的工业革命最终创造了更多和更好的就业机会一样，智能革命将要创造的就业机会要多于它所摧毁的机会。而且，重要的是，我希望它能为人类创造更好的工作岗位。

实际上，人工智能已被描述为"世界上最伟大的工作引擎"。这就像之前的互联网一样，虽然它对某些工作产生了负面影响（例如，我们当中有多少人现在在线预订机票和酒店，而不是到当地的旅行社呢？），但是看看它创造了多少工作，以及如何使企业进入新市场，接触新客户，并简化它们的业务流程……

那么，为什么我们如此关注人工智能和自动化呢？部分原因是我们无法想象未来的工作将会是什么样子。回想一下2000年以前没有的一些职业。

- 数据科学家

- 无人机飞行员
- 社交媒体影响者
- 社交媒体经理
- 视频博主（Vlogger）
- App 开发人员
- 数据合规官

想象一下自己在 2000 年时，试图告诉职业顾问您想成为社交媒体影响者或应用程序设计师，而他们却不知道您在说什么。2040 年的工作也是如此，我们还无法想象它们会是什么，但是它们正在向人们走来。

例如，一则 2019 年有关售价近 10 000 美元的数字礼服的新闻报道，让我们瞥见了潜在的新行业。[62]这件礼服在现实生活中并不存在，只能在网上看到，但它可以根据您的照片量身定制，最终有人以 9 500 美元的价格将其购买，这是否意味着“数字时装设计师”将成为未来的抢手职业？也许吧。

对人工智能和自动化关注的原因，一是由于我们无法预见未来的工作，二是由于一些关于自动化的数据有时会被歪曲。很大一部分工作有自动化的潜在风险，但这并不一定意味着所有这些工作都会消失并由机器人代替。在某些情况下，这可能意味着该工作的某些部分可以通过人工智能进行自动化或扩充，从而可以改变该工作的性质。让我们以放射科医生为例。仅因为计算机现在可以读取和分析病人的扫描图像，并不意味着我们

不再需要放射科医生，但这可能意味着放射科医生的工作将会改变，他们不必每天花费很多时间来检查扫描片，而只需花一部分时间来检查计算机已标记出潜在异常情况、需要密切关注的患者的扫描片，从而有更多时间从事患者护理、制定治疗方案等工作。

凯捷（Capgemini）的研究支持人工智能增强人类工作而不是完全取代人工的想法。在对 1 000 个已经部署了人工智能系统的组织的调查中，五分之四的组织创造了更多的工作。为了解更多，我与被调查者之一——保险业巨头保诚（Prudential）进行了交谈。该公司全球人工智能负责人 Michael Natusch 告诉我："我们寻求的是最有效的互补品，而不是用人工智能作为人工的替代品。"[63]他列举了机器人呼叫中心助理的例子："很明显，没有人想和机器人说话。但是，如果机器人在第二次响铃时接听电话，并在正确的时间提供正确的信息，那它就是有价值的。我们的呼叫中心代理商非常感谢与机器人的合作，因为他们现在能够专注于需要用到他们的经验、创造力和同理心的更棘手的问题上面。"

这将我们带到了关键点。实话实说，最有可能由人工智能自动化完成的任务不是最适合人类的任务，甚至不是人类应该做的任务。机器非常擅长使无聊、平凡和重复的工作自动化，这些任务可被轻易复制，基于规则且不具创意。在人工智能时代，当我们知道人类在创造力、同理心和人际关系工作方面表现出色时，这些任务真的是人类工作时间的最佳利用吗？想想我们放射科医生的例子，他们真的是想整天在房间里看 CT 扫描的图像，还是宁愿花更多时间放在患者的护理方面？

当然，现在还处于人工智能应用的初期，但诸多迹象令人鼓舞。当前使用人工智能应用程序的组织通常会发现，它可以增加现有的人力资源，而不是使其多余。换句话说，人工智能正在帮助人们更有效地完成工作，并为组织创造更大的价值。

员工的新工作体验

人工智能已经改变了我们生活的方方面面，它也将改变我们的工作和生活。即使在看似非高科技的公司中，未来员工的经历也会发生巨大变化——如果未来还存在所谓“非高科技”公司的话，因为每个公司都越来越依赖于技术。

一方面，物理机器人和协作机器人（请参阅第 6 章）将在许多工作场所中占有越来越高的地位。我们已经在制造和仓储环境中看到了这一点。另一方面，即使在办公环境中，员工也必须将人工智能工具当作“同事”一样惯于使用。从人们的招募方式、工作中的学习和发展方式到日常工作活动，人工智能技术和智能机器将在普通人的工作中扮演越来越重要的角色。正如我们都已经习惯了电子邮件和聊天 App 之类的工具一样，我们还将习惯于定期使用监视工作流和流程的工具，并对如何更有效地完成工作提出明智的建议。工具将执行越来越多的重复管理任务，例如安排会议和管理记录。而且，很可能工具还会监视员工的工作方式，并在人们遇到任

务问题或未正确遵循程序（例如安全规则）时进行报告。

这意味着我们可能会看到更多对员工活动和绩效的监控，有些人称之为“员工监控”，而这已经发生了。Gartner 的一项调查发现，在营业额超过 7.5 亿美元的公司中，有超过 50%的公司正在使用数字数据收集工具来监控员工的活动和绩效。作为这种监控的一个案例，工作场所分析专家 Humanyze 可以从分析员工的电子邮件和即时通信数据，以及从配备了麦克风的姓名牌中得到的数据中，更好地了解员工的互动。使用此类工具自然会使一些人感到不自在，这使得道德、信任和透明这一主题变得更加重要（请参阅第 9 章）。

所有这些意味着员工的未来工作将与今天大不相同，并且变革将是迅速而艰巨的。最重要的是，劳动力本身正在以几种关键方式发生变化。例如：

- **劳动力正在去集中化。**对于许多工作，员工不再需要在同一地点办公，这意味着下一代员工可以选择住在任何地方，而不是去工作的地方住。
- **职位的流动性更强。**零工经济将继续扩大，但组织内部的职位也将更加灵活，人们将在一个工作场所扮演多种角色。
- **员工正在成为终身学习者。**技能的寿命正在缩短，而技术在持续发展，这意味着每个人都需要在整个工作生涯中不断适应学习新技能。

“超级工作”的兴起

我已经提到过，当部分工作由机器自动化完成时，如何使人们腾出精力来从事更具创造力和以人为本的工作，以及需要诸如同理心、倾听、沟通、解释和协作等技能，也包括人类仍然比机器更擅长的所有技能。换句话说，未来的工作将越来越侧重于人为因素和软技能。

重要的是，这些技能并不是固定的任务，例如许多传统工作中涉及的工作，这可能会导致将来对工作角色的定义不太严格。德勤（Deloitte）在其 2019 年全球人力资本趋势调查中，探索了人工智能对工作的影响。根据德勤的说法，随着机器承担平凡的重复性工作，工作将变得更加人性化，这使工作场所中人们的工作和贡献变得更加有价值和更加重要。

2019 年的调查结果证实了这一点。[64]

- 62%的受访者正在使用自动化消除事务性工作并替换重复的任务。
- 47%的受访者使用自动化来改善现有的工作实践并提高生产率。
- 36%的受访者由于自动化需要“重新设计工作”。

在实践中，这种“重新设计”是什么含义呢？当人们发现自己在不同的工作角色、团队和项目中工作时，组织结构可能因此变得更加灵活。据德勤称，这创造了新的工作类别。

- **标准工作（Standard jobs）**。标准工作通常专注于可重复的任务和标准化流程，使用特定且狭义的技能。

- **混合工作（Hybrid jobs）**。这些职位需要技术和软技能的结合，传统上，这些技能是不会合并在同一工作中的。
- **超级工作（Superjobs）**。这些职位将多个传统职位的工作和职责结合在一起，涉及技术和人的技能的更复杂组合，其中技术用于扩大工作的维度。

根据 Gartner 的分析，很明显，员工和组织将需要发展技术和员工软技能，才能在人工智能时代取得成功。在本章的后面，我将更多地讨论成功的技术和软技能。

应对挑战和机遇

这个新的工作世界将带来一些挑战，并不是每个人都准备好或能顺利地适应即将到来的变化。尽管我对人工智能将对工作、经济和人类所做的工作产生的总体影响感到乐观，但这并不是一件十全十美的好事。有些人会失业，而一些新创造的工作将不是高质量、高回报、创造性的工作。在2035 年，我们不会全都做“超级工作”。

其中一个案例就是，人工智能和大数据的发展催生了微任务和“幽灵员工”。换句话说，这些工人做了许多推动人工智能经济的平凡而重复的任务，却只换得微不足道的报酬，如为大型科技巨头整理数据集，或者识别图像中的物体。这是一支普遍不为人知的低薪工人队伍，他们使人工智能技术得以发展。

总的来说，人工智能提供了许多令人兴奋的机会来增强人类工作。但要充分利用这一点，将需要组织以及为之工作的人员开发必要的技术和软技能，以应对不断变化的工作性质。对于组织而言，这也将需要某种文化上的转变，本章稍后将介绍这方面的更多内容。现在，让我们从技术技能入手，探讨在智能革命中取得成功都需要哪些必备的技能。

建立正确的技术技能

当我与人们谈论人工智能、大数据和智能革命时，他们经常想知道他们应该开发哪些技能（在个人和组织层面上），以便为即将到来的变革做准备。技术技能是我们每个人都需要发展的关键领域，这些技术技能的范围可能包括从高度复杂的一端，如数据科学，到复杂程度较低的一端，如变得更懂技术。

组织和您作为个人所需的知识和技能水平取决于您的行业和角色。但是，我相信每个人都绝对需要围绕技术来发展一定程度的舒适感。不可避免的事实是，第四次工业革命是由人工智能、大数据、区块链、虚拟现实等技术创新推动的，最高级别的员工将需要访问数据并根据数据告诉他们所要采取何种措施，每个人都必须能够理解新技术对其行业、公司和工作的潜在影响。

避免自动化偏差

在各行各业中，人类的假设可能是危险的事情。大数据和人工智能的优点在于，它为人们提供了基于硬数据而不是人们的假设、偏见和直觉的决策工具，但这并不都是乐观的。实际上，人工智能和自动化的飞速发展可能会给企业带来潜在的非常麻烦的偏差：自动化偏差。

自动化偏差究竟是指什么？曾经读过这样一个故事：某人盲目地跟随他们的卫星导航，驱车驶入大海或行至山腰却被卡住（实际上，当我写这本书时，一位广播电台中的喜剧演员正在描述他和他的伴侣如何开车去法国南部。当卫星导航开始将他们指引向北方时，这位喜剧演员指出这可能是错误的，因为法国南部显然不在北方。但是他的伴侣在驾驶员座位上仍旧继续驱车前进，他们最终到达了比利时——距法国南部几百千米的地方）。

即使很明显地使他们误入歧途，也仍然有人跟随导航。这只是自动化偏差的一个例子。人类倾向于信任和依赖自动化系统，而不是我们自己的判断。我们将决策外包给机器，然后按照它告诉我们的去做。结果，我们摒弃了正确的决策，而听信错误的自动化信息，如开车去比利时。

在日益自动化的世界中，危险在于公司及其员工盲目地遵循自动化系统。我们需要记住的是，我们这样做的前提是，人工智能和自动化系统的性能仅与它们所训练的数据、继续被馈送的数据以及遵循的编程算法一样好。如果数据、培训或分析存在缺陷，则输出也将存在缺陷。这就是为什么组织必须将关键的人类技能（例如批判性思维、推理和同情心）与技术技能一同放在优先位置，以便他们能够从机器和人类的共同协作中获得最大收益，而不是仅仅由机器领导人类。在本章之后的内容中，您将详细了解成功必备的软技能或人际技巧。

良好的治理在对抗自动化偏差方面也至关重要，这样才能避免数据本身出现偏差，或者系统在编程时会考虑某些偏差。有关应用人工智能的道德的更多信息请参阅第 9 章。

自动化偏差的潜在可能性还意味着组织中各个级别的人员都需要提高数据素养，这样我们才能了解技术的局限性及其潜力，才能足够了解自动系统为何做出决策，而这正是接下来我要介绍的内容……

提高整个组织数据素养的需要

甚至那些不是数据科学家的人也需要能够理解技术，尤其是人工智能和数据在基础层次上如何工作、可以做什么，如何支持决策及其局限性有哪些。如果人们提高数据素养，就可以进行更多分析，而不是盲目地遵循人工智能告诉他们的内容。

数据素养的真正目标是使每个人都可以访问正确的数据，以便每个业务部门都可以用它来做出更好的决策，从而带来业务上的成功。这不仅在于人们能够读取数字和图表，还在于能够从数据中推断出有用的含义，并认真思考数据的含义，然后将这些见解付诸行动。

在组织层面，数据素养水平可以用“数字智商”来进行衡量，这意味着组织利用技术并从中获利的能力。普华永道（PwC）在 2017 年进行的一项研究表明，尽管用于数字化的资源总体增加了，[65]但大多数公司的数字化智商却没有增加反而下降了，这也许是由于如今技术进步的步伐迅猛，使得公司很难跟上技术发展的脚步。但尽管面临挑战，如果公司不投资以提高其数字智商，它们就有被落在后面的风险。这适用于每个行业或行业中的每个企业。

您的组织对数据的了解程度越高，其提高数字智商的能力就越高，结果就会越好。普华永道的调查对此表示支持，它们发现采用政策和实践以提高其数字智商的组织在财务上是绩效最好的组织。就像在 20 世纪的读写能力一样，在 21 世纪，数据素养将带来动力和成功。

拥有数据素养的员工队伍意味着员工将能够使用数据和人工智能来影响他们的日常活动和决策，能够更好地执行工作并为公司整体绩效做出贡献。这意味着每个人都可以访问成功完成工作所需的数据，而且至关重要的是，他们将拥有可以理解这些数据的工具，而不必等待数据科学家为他们解释数据。这意味着员工将了解数据的重要性以及如何正确处理数据。此外，这还意味着员工具有减少数据泄露数量的额外优势，因为员工目前应该对 40%的安全漏洞负责。[66]

如何建立数据素养

尽管面临诸多挑战，但提高组织中的数据素养将帮助您获得竞争优势。我在与公司合作时，建议它们采取以下步骤来促进和提升数据素养。

- 建立您当前的数据素养。
- 确定数据倡导者。
- 交流为什么数据素养很重要。
- 确保访问数据。
- 创建您的数据素养培训计划。
- 从小处着手，不断评估您的需求。
- 向榜样学习。

让我们依次来探索每个步骤。

建立您当前的数据素养

这可能涉及提出一些问题，例如，经理们当前是否能够提出相关数据支持的新计划？或者，有多少团队例行使用数据进行决策？知道自己现在所处的位置，可以使您了解在哪些地方需要改进。

确定数据倡导者

找出那些将成为强大数据领导者并可以帮助制订数据素养培训计划的人。这些人应该是来自不同业务部门的人员，他们可以倡导数据扫盲的好处、确定数据扫盲的差距，并帮助为数据扫盲计划小组确定优先级。至关重要的是，他们必须能够以一种易于所有人理解的方式去“描述”数据。数据分析师非常擅长理解和处理数据，但交流数据则完全是另一项技能。

您的数据倡导者必须能够充当“翻译者”，弥合数据分析师与业务部门之间的鸿沟，并交流如何充分利用数据的潜力。这些让我想到了……

交流为什么数据素养很重要

与任何新计划一样，当人们理解“为什么”时，他们才更有可能支持它。您的数据倡导者将需要解释为什么数据素养对于组织的成功来说是至关重要的。

确保访问数据

拥有系统和工具以允许更广泛地访问数据非常重要，这样人们就不必依赖数据专家来操纵数据、提取信息和分享见解。诸如管理看板和数据可视化工具之类的自助服务对此至关重要。

创建您的数据素养培训计划

除了培训人们有关数据的重要性以及如何使用可使用的数据工具外，至关重要的是，必须教授团队为了避免自动化偏差而学会如何批判性思考数据。每个员工都应该知道询问诸如“这些数据是如何收集的？”“可以从这些数据中学到什么？”“这些数据的可靠性如何？”之类的问题。此外，还必须对员工进行安全和符合道德的数据处理方面的培训。请记住，使您的数据素养培训尽可能有趣、休闲和富有参与性。

从小处着手，不断评估您的需求

数据素养是一个迭代的过程，并非一朝一夕就能实现的。因此，应该一次只由一个业务部门开始一次培训计划，而不是一次就开始全部培训，并且要优先安排最需要培训的小组。您从一个业务小组的培训中学到的知识可用于下次调整计划。请确保从小组中获得有关有效方法和无效方法的反馈，以便今后能让您的数据素养培训变得更加有效。

向榜样学习

组织的领导者需要在自己的工作中优先考虑数据洞见，以显示数据和人工智能对决策和日常运营的重要性。换句话说，它要求大家“按我做事的方式去做”，而不是“按我所说的去做”。例如，您应该坚持有关新产品或服务的任何建议均应使用数据和分析来支持这些想法。随着时间的推移，这种强调将有助于创建数据和人工智能的文化（有关文化的更多内容将在本章后面介绍）。

与任何新的工作方式一样，毫无疑问，您会遇到提高数据素养的障碍。以我的经验来看，一些最大的障碍往往是：

- 企业文化
- 恐惧
- 数据

让我们依次谈谈每个方面。

企业文化

又是这个词——文化。如果人们要认真对待数据素养，领导者就必须实践自己的“布道”。这种方法需要接受变革，这对人们来说可能是种挑战。但抵制变革和采用新技能的原因，通常是缺乏对如何利用数据为公司谋取利益的认识。当人们看到收益时，他们更有可能支持这一变化。有关文化的更多内容将在本章后面介绍。

恐惧

毫无疑问，人工智能，尤其是自动化使人们感到焦虑。组织中的人可能会担心被其他更精通技术的人所取代（他们甚至可能担心会被一台机器取代），或者他们可能会担心自己无法驾驭必要的新技能。克服这一问题的关键在于，明确表明人工智能革命并不意味着每个人都必须成为数据科学家。数据素养并不意味着能够成为数据科学家，而是意味着了解数据的价值，能够解释数据并能够使用数据更好地执行工作。

数据

没错，数据本身可能会成为培养数据素养的障碍。例如，一个组织可能正在收集大量数据，但如果它没有收集正确的数据，或者数据有缺陷，那么它将无法尽其所能地为决策提供信息。请记住，并非所有数据对组织都同样有价值，如果人们在正确的时间无法访问正确的数据，则可能会损害提高数据素养的努力。

缩小组织中的数据和人工智能技能差距

对于基本数据素养以外的更高级的数据和人工智能技能，大多数组织都面临着巨大的技能缺口。换句话说，大多数组织根本没有获得在第四次工业革命中生存和发展所需的人工智能和数据技能。因此，组织需要专注于缩小技能差距并建立更高级的技术技能。这可以通过以下方式完成。

- 提高现有劳动力的技能。
- 聘请新的人工智能和数据人才。
- 收购式吸收人才（acquihiring）。
- 与外部提供商合作并访问人工智能即服务解决方案。

您可能需要将这些策略结合起来使用，而不是依靠一种方法。下面让我们简要地探讨每个选项。

提高现有劳动力的技能

鉴于人工智能和大数据的爆炸式增长，数据分析师和人工智能人才严重短缺。谷歌、苹果、微软、IBM 等巨头都在吸收这些人才。对于其他企业来说，吸引合适的人才是一项真正的挑战。

因此，对许多雇主来说，提高现有员工的技能是一个好主意。例如，有大量的大规模开放式在线课程慕课（MOOCs），旨在帮助员工开发与人工智能和数据科学相关的技能。但是，建立动手经验也很重要，这可以通过将学习者与经验更丰富的同事或导师配对来实现。

聘请新的人工智能和数据人才

鉴于人才的匮乏，聘用拥有人工智能和数据技能的人才可能既昂贵又困难。如果您想通过招聘来弥补技能差距，那么确定一个明确的 USP，让有需求的人才愿意为您的公司工作是至关重要的。例如，您是在努力解决重大问题，使世界变得更美好，改善人们的生活，还是在实现应聘者认为

有价值的其他成果？

收购式吸收人才

通常，雇用人才或提高现有员工的技能不是现实的选择。在这种情况下，您必须开始在组织外部寻找技能和能力。事实证明，“收购式吸收人才”（“收购”和“雇用”的混搭）是许多企业的流行解决方案。

该术语指的是一种新兴趋势，在这种趋势中，需要提高人工智能技能的公司只需收购小型人工智能或科技创业公司。通过购买一家小型初创公司，收购方可以快速获得具有构建和培训人工智能模型经验的数据工程师和科学家，从而加快人工智能的进度。

但是，与任何收购一样，这种方法也有陷阱。麻省理工学院的一项研究发现，在收购后的第一年中，高达33%的被聘用人才会离开，[67]这表明认真管理过渡并寻找与您自己组织相适应的并购的重要性。

与外部提供商合作并访问人工智能即服务解决方案

利用外部技能的另一种选择是与具有所需技能的公司合作，或者为人工智能即服务（AIaaS）解决方案付费。我在第5章中简要介绍了AIaaS。概括地说，该术语是指提供现成的人工智能工具的第三方，使几乎所有企业都可以利用人工智能而不需要投资昂贵的基础设施或新员工。

有很多人工智能提供程序平台，其中最著名的是：

- IBM Watson
- 亚马逊网络服务（Amazon Web Service）

- 谷歌云平台（Google Cloud Platform）
- 微软 Azure（Microsoft Azure）

此类平台降低了希望利用人工智能的公司的进入门槛，而无须聘请内部数据科学家团队或收购具有人工智能能力的小型公司。

获得外部技能的另一种方法是建立技术“孵化器”或创新中心，这对于技术行业以外的公司来说是获得人才和促进与人工智能专家合作的好方法。例如，全球最大的啤酒制造商 AB InBev 以及百威、Stella Artois 和 Corona 的制造商已创建了一个硅谷创新中心，称为“啤酒车库（Beer Garage）”，以探索人工智能等尖端技术如何帮助提升绩效。“啤酒车库”旨在帮助公司研究、开发和测试技术驱动的解决方案，同时也使公司与硅谷地区庞大的技术公司和风险投资家网络紧密相连，这促进了与本地初创公司的合作，并有助于推动创新。该公司表示，与这些鼓舞人心的技术专家合作可以让他们从中学到很多东西。

 建立正确的软技能

技术技能和数据素养在智能革命中显然很重要，但是我们还需要集中精力在机器人做不到的领域（人的工作）上建立技能。当我们谈论人工智能技能时，通常会忽略这些较软的技能。但实际上，它们代表了为智能革命做准备和取得成功的关键部分。随着机器人、计算机和机器承担着平凡、

重复和易于自动化的工作，人类剩下的就是那些需要不同技能的任务，例如创造力。因此，如果人类的工作要完全变得更加人类化，那么我们应该发展那些使我们成为独特人类的技能是有道理的。但是，我们究竟在谈论什么技能？

每个组织和员工必须关注的九项软技能

不要让这个名字骗了您，在智能革命中，以下“软”技能将成为硬通货。

创造力

就我们的发明、创造、想象和梦想的能力而言，机器人目前无法与人类竞争。未来，如果人类工人要充分认识到所有新事物（新产品、新技术、新工作方式等）的好处，他们就需要运用创造性思维。换言之，未来的工作场所需要新的思维方式，我相信人类的创造力才是关键。

情商

情绪智力也被称为情商（如情绪智商），它描述了一个人感知、控制和表达自己情绪的能力，以及觉察他人情绪的能力。有同情心、表现出正直和与他人良好合作都是高情商的标志。由于机器无法轻易取代我们与其他人真正联系的能力，那些情商高的人在未来的需求量将更大。

分析（批判性）思维

那些具有批判性思维能力的人可以想出创新的解决方案和创意，用推理和逻辑（而不是依靠情感或直觉）解决复杂的问题和评估论证。他们可以权衡利弊，对最好的解决方案保持开放的态度。当我们在人类和机器之间不断变化的分工中前进时，这种分析思考的能力将更加珍贵。

以成长心态积极学习

人工智能将加速员工的学习需求，因为技能将比现在更快地过时。一些拥有成长心态的人知道自己的能力和智力是可以发展的，知道自己努力培养技能会带来更高的成就。这些人接受新的挑战，从错误中学习，并积极寻求扩展知识，这对未来的工作至关重要。在组织层面，公司必须创造一个积极的学习环境，包括持续学习。

判断和决策

我相信在未来的工作场所，人类的决策会变得更加复杂。这可能会让您感到惊讶，因为机器和数据已经可以处理信息，并提供人类无法收集的见解。但归根结底，是人负责在组织中做出关键决策，同时考虑这些决策对其他业务领域、人员的影响以及对其他人为因素（如士气）的影响。随着科技减少了更多枯燥单调的任务，它将让人类专注于更高层次的决策。一定程度的数据素养无疑将帮助人类做出这些复杂的决策，并认识到更广泛的含义。

人际沟通能力

人与人之间交流信息和意义的能力将是至关重要的技能。人类必须磨炼与他人进行有效交流的能力，以便能够使用正确的语气和肢体语言说出正确的事情，清晰地传达信息。

领导能力

某些特质对于未来的工作场所至关重要，我们通常会把这些特质与领导力联系在一起，例如鼓舞和帮助他人成为最好的自己。的确，当今典型的层级组织结构图可能并不那么普遍，而基于项目的团队和灵活的组织结构可能更常见，但这并未降低领导技能的重要性。个人仍然需要在项目团队中担任领导角色，或者与其他员工一起解决问题并开发解决方案。

多样性与文化智慧

世界和工作场所越来越多样化和开放，这意味着个人必须具备理解、尊重和与他人合作的技能，尽管种族、文化、语言、年龄、性别、性取向、政治或宗教信仰等存在差异。理解和适应那些可能用不同方式感知世界的人的能力，不仅会改善人们在公司内部的互动方式，还可能会使公司的产品和服务更加包容和成功。

拥抱改变

由于变革的步伐令人难以置信，人们必须反应敏捷并且要学会拥抱和庆祝变革。我们不仅需要灵活动脑，还需要适应不断变化的工作场所、期望和技能。在智能革命中，一项基本技能是将变革不是视为负担，而是视为成长和创新机会的能力。

如果您从本节中能得到一个信息，那它应该是：人的大脑是不可思议的，它比我们能想象的任何人工智能都要强大和复杂。我们不必被人工智能吓倒，相反，我们应该利用自己独特的人类能力。在这些领域能够发展的组织和个人，已经为未来的工作做好了充分的准备。

但是，在人工智能时代，成功不仅在于软技能和技术技能，公司文化也起着至关重要的作用。领导者在人工智能之旅中带动所有人，这一点非常重要——消除人们对扩大工作和自动化的恐惧，成功地管理变革，建立一个充满人工智能倡导者的工作场所。

 在组织中建立人工智能文化

对我而言，创造一种人工智能文化意味着创造一种环境，使本章中的所有因素融合在一起，即为人们适应不断变化的工作性质做好准备，建立或获取正确的技术技能和能力以取得成功，建立正确的软技能。

为智能革命做准备的四个步骤

到目前为止，如果您要创建一个简单的清单或路线图，来构建人工智能文化并为智能革命做准备，它可能看起来会是像这样：

步骤 1：重新定义工作和人员在组织中的作用

您们公司未来的工作是什么样子的？当今大部分工作都是围绕着执行特定的功能来开展的，但随着组织结构的变化，这种情况可能会发生变化——重点将转移到项目和成果上，而不是需要反复重复特定任务。组织中的员工需要培养应对这一问题的技能和心态，但他们无法独自完成这一任务，培训和支持对于确保这一转变尽可能顺利进行将至关重要。

步骤 2：提高技术水平

正如已经讨论过的，未来我们不需要都成为数据科学家或人工智能专家，但我们都需要一定程度的数据素养。企业需要制订数据素养计划，以便员工能够充分利用人工智能和数据，并学会提出诸如“我们如何利用这一新技术推动成功和提高绩效？”“我们如何确保我们正确和合乎道德地使用它？”“我们正在处理的数据有多准确？”等问题。同时，组织也需要增强其更先进的技术能力，无论这意味着要访问商业人工智能工具来帮助他们理解数据，还是增加他们的内部人才。

步骤 3：开发人类的潜能

随着机器开始掌握更多通常由人类完成的任务，人类必须开始关注他们优于机器的领域——创造性努力、想象力、批判性思维、社交互动等。如果公司想从人和机器中得到最好的结果，组织培训和教育方面就不能忽视这些固有的人的能力。

步骤 4：重新定义学习，将重点放在持续学习周期上

戴尔技术公司和未来研究所的一份报告预测，2030 年时 85%的工作现在尚不存在。[68]人们在其职业生涯中将不再只扮演一个角色，而是在十多年的时间里从事多种不同的工作。这使得学习变得更加重要，但不仅是要学习，而是要持续学习，随着工作世界的不断发展，教育、学习和培训必须成为一项持续的工作。

转变为人工智能驱动型组织

文化是人工智能驱动型组织的关键促成因素——一个能够成功利用人工智能来指导决策、提高绩效和推动成功的组织。有了正确的文化，您就可以在整个企业中广泛采用人工智能，而不是在零碎的地方、项目和流程中采用人工智能。

不过，重组整个组织文化并不是一件小事，这当然不是一夜之间的事。成功地采用人工智能需要一些严肃的、长期的转变。那么，我们在谈论什么样的长期转变？基于我们对工作世界将如何变化的看法，公司应着眼于：

- 进行跨职能协作。
- 支持一线数据驱动的决策和行动。
- 鼓励实验。

进行跨职能协作

未来最成功的组织将把人工智能融入整个企业的日常流程和活动中，这需要广泛的协作思维。为了帮助企业实现这一目标，您可能需要创建跨职能团队，将 IT 和数据专家与运营人员结合起来，以解决公司最大的问题或使用人工智能解决战略重点。

支持一线数据驱动的决策和行动

我们的目标是让企业的每一级决策者使用数据和人工智能来增强他们的决策能力，并根据数据的洞察力采取积极行动。但要做到这一点，您需要提高组织中的数据素养（参见本章前面的章节），并确保团队感到有权对这些决策采取实际行动。例如，如果所有的事情都要经过经理的批准员工才能根据自己的见解采取行动，这会很快扼杀这种企业家精神。

鼓励实验

在这个瞬息万变的世界，我相信未来最成功的组织是那些人们乐于尝试使用数据和人工智能来尝试新事物的组织，即使这意味着一些计划失败。忘掉过去那些传统上僵化的、厌恶风险的模式，在未来，承担风险，迅速失败，从经验中吸取教训并进行新的努力的能力，将变得至关重要。

成功管理变革

我们知道，变革可能是痛苦的，管理不善的变革会挫伤士气、降低绩效，并最终阻碍新实践或新技术的采用。向人工智能驱动型组织转型需要公司妥善管理变革。对我来说，这意味着每个公司都必须：

- 传达对人工智能驱动型组织的愿景。
- 提供保证。
- 仔细预算以进行整合。
- 快速取得胜利。

传达对人工智能驱动组织的愿景

当人们不明白为什么会发生变化时，他们更有可能抵制变革。因此，至关重要的是，领导者要传达为什么人工智能对组织的成功如此重要，以及人工智能的实施将如何使组织中的人们受益（例如，自动化某些流程可以让个人自由地从事更具挑战性、更有趣的任务）。展示人工智能计划和组织的关键战略优先事项之间的明确联系（请参阅第 7 章）有助于实现这一点，展示成功案例也会有所帮助。如果您正处于人工智能之旅的最初阶段，可以展示其他成功实施人工智能的公司的案例。

提供保证

许多人认为自动化会导致失业，但正如我们在本章前面所看到的，情况并不一定如此，人工智能将创造更多的就业机会。即使对于那些受自动化影响的工作来说，也有可能会改变而不是完全丢失。“推销”人工智能的人员的一部分工作是要让人们放心，要让人们认为人工智能将增强他们的工作，而让所有人参与这些讨论将会成为关键的推动力。

仔细预算以进行整合

当公司考虑与采用人工智能相关的支出时，他们倾向于专注于技术本身或新员工。但是，您还需要为整合和采用制定预算，包括培训、沟通和可能的重新设计实践。以我的经验，这些推动采用的活动可能占人工智能总体预算的一半。

快速取得胜利

向人工智能驱动的文化转变需要时间，这可能意味着热情会逐渐消失，旧的做法会逐渐渗入。这就是为什么当我与一家公司合作定义其人工智能战略时，我总是建议他们确定一两个“快速制胜”的人工智能项目的原因（请参阅第 7 章）——这些较小的项目旨在相对较快地展示人工智能的价值，从而有助于人们保持动力和对长期转变的热情。

关键要点

在本章中，我们了解到：

- 人工智能尤其是自动化，将改变我们的工作方式。但是，我们不应该惧怕其发展或者被人工智能吓倒，而应该拥抱这种新的工作方式。在这种新的工作方式中，机器承担着最不适合人类的无聊、平凡的任务（如果我们诚实地说）。因此，人工智能为我们提供了改善工作的机会。
- 组织和个人为即将到来的变革做好准备是至关重要的。这意味着我们要建立技术技能和能力，并发展我们独特的人类软技能，同时建立拥抱人工智能的公司文化。
- 在建立技术技能和能力方面，许多公司将努力弥合技能差距，而与外部提供商合作并访问人工智能即服务解决方案，可以为人工智能提供一条可实现的途径。
- 尽管我们所有人都不需要成为智能革命中的数据科学家，但组织中的每个人都应该寻求更有数据素养。数据素养的目标是使每个人都可以访问他们所需的数据，以制定更好的决策并取得成功。任何良好的数据素养计划的一部分，应该是教会人们对数据和人工智能进行批判性思考，以避免自动化偏差。

- 我们独特的人类能力，诸如情商、创造力以及与他人建立联系和交流的能力，在智能革命中将变得更加有价值。在智能革命中，这些宝贵的软技能成了硬通货。
- 文化是构建人工智能驱动型组织的关键。那些可以树立积极的人工智能文化，成功地管理变革，并带动所有人参与人工智能之旅的公司将获得成功。

不过，充分利用人工智能不仅是建立正确的技能和文化，重要的是公司必须以道德的方式使用数据和人工智能，与客户和员工建立信任，并以透明的方式运营。在下一章中，我将探讨智能革命的伦理意义，以及那些不重视人工智能伦理的公司的陷阱。

09 对于道德、信任和透明度的需要

您如何看待公司能够根据您在 Spotify 上所听的歌手或在 Facebook 上所喜欢的乐队和艺术家来预测您的个性？（根据心理学研究人员的说法，这已经成为可能[69]）。这听起来可能无害，但是，如果该公司根据您的 Facebook 喜好准确预测您的性取向、宗教信仰、智力或成瘾性物质的使用呢？这也是有可能的。[70]网络公司现在可以接触到前所未有的海量数据，有能力轻松获得许多有趣（且敏感）的信息，但是，仅仅因为有能力做某件事并不意味着就此去做就是对的。

大多数人都不知道数据和人工智能技术能从他们身上收集到多少高度个人化的信息，以及这些技术已经在多大程度上得到了应用，但这种情况将会迎来转变。事实上，正如我们将在本章中看到的那样，“狂野西部（Wild West）”时代即将结束，在那个时代里，任何事都可以实施，人工智能的使用几乎不受监管的影响。企业要想在智能革命中茁壮成长，就必须以道德的方式使用人工智能，他们必须对人工智能和数据的使用保持透明，也必须与客户和员工建立信任关系。在本章中，我们将探讨人工智能的伦理陷阱，并为未来由人工智能驱动的有道德的组织做出解释。

 滥用是人工智能危险的一面

像任何技术一样，人工智能是中性的，它可以用于向善，也可以用于作恶。希望以道德的方式使用人工智能的企业领导者，还需要意识到人工智能也有潜在的滥用风险，在天平的一端，我们有一些狡猾的做法，如不告诉人们您打算如何使用他们的数据；而在另一端，我们所使用的技术则损害了我们个人、社会乃至人类的生活。

人工智能的军备竞赛

让我们从天平最可怕的一端——自动武器的发展开始说起（如第 4 章中所述）。根据和平组织 Pax 的一份报告，美国、中国、英国和俄罗斯等国家正在加速军事人工智能的发展，这可以被称为一场人工智能军备竞赛。[71]例如，报告援引了五角大楼在 5 年内投入 20 亿美元开发“下一波人工智能技术”的承诺。

无人机群——一群能够自行做出决策的自组织无人机，是政府特别热衷于发展的领域。美国国防部高级研究计划局（DARPA）在 2018 年确认，它已经装备了无人驾驶飞机小队，能够“以最小的通信量来适应和应对意外威胁……”这意味着当与人类控制员的通信被切断时，无人驾驶飞机仍然可以相互协作以实现任务目标，而无须人工干预（不仅是美国想部署这些无人驾驶飞机，英国政府也已经表示，英军将来会使用这种“中队”）。

但是，我们是否真的想开发可以自行制定战术决策的无人机群？这意

味着它们在理论上可以在无须人工干预的情况下确定目标并部署武器。我并不是唯一一个认为像这样发展技术的竞赛是对整个人类的严重威胁，但世界上仍有某些组织认为，“第一”可能比道德更重要。有影响力的人工智能和机器人技术研究人员已签署公开信，呼吁禁止使用自动武器。[72]为回应这种反自动武器的情绪，或至少是对大多数人可能发现自组织武器的想法令人毛骨悚然这一事实予以承认之后，五角大楼在 2019 年开始寻求招募伦理学家来监督军事人工智能。

令人担忧的过于逼真的赝品

近年来，我们听到很多关于假新闻和假货的信息。但以我的经验来看，很少有人会理解这项技术有多么聪明，以及对我们所有人构成的威胁会有多么严重。

在第 2 章中我提到了百度的技术，它可以从 3 秒钟的音频中克隆出一个人的声音。美国总统奥巴马和马克·扎克伯格的 DeepFake 视频，展示了制作让任何人说您想让他说的话的视频成为一种可能。2019 年，美国众议院议长南希·佩洛西（Nancy Pelosi）醉酒绊倒的视频被美国总统唐纳德·特朗普（Donald Trump）当作真实视频转发。该软件允许用户编辑视频内容，以改变说话人口中说出的话。[73]斯坦福大学的深度视频人像系统（deep video portraits system）可以动画化某人的照片，操纵对象的面部表情，并使他们的头移动。一个由 OpenAI 建立的人工智能系统现在能够生产的假新闻如此逼真，以致它的创造者拒绝发布完整的模型进行更广泛的实验，因为认为它太危险，而且容易受到“恶意应用程序”的利用。

令人担忧的是，Gartner 预测，到 2022 年我们将得到更多的谎言，而不是真理。[74]辨别真实的和虚假的东西已经变得越来越困难，而且只需几秒钟的音频就可以克隆您的声音，它让我们不得不停下来思考。换句话说，用来使 Google Assistant 以名人的声音说话一样的无害技术，也可能被反过来用于您本人身上。

我们所有人都需要提高对技术能力以及技术水平的认识。在评估信息并验证其有效性之前，我们都需要更加谨慎一些，然后再采取行动（请翻阅第 8 章，进一步了解批判性思维）。

我希望人工智能不仅可以提供这种虚假内容，还可以帮助人类将来甄别 DeepFake 视频。华盛顿大学的科学家已经创建了一个名为 GROVER 的人工智能系统，该系统能够仅基于标题创建非常可信的虚假新闻报道，但这并不是为了在互联网上进行宣传。根据构建它的团队的说法，它是对虚假新闻的最有效防御措施，可以比任何其他现有工具更好地甄别到虚假内容。[75]当然，这是令人鼓舞的，但前提是该技术永远不会落入坏人之手。

使用人工智能来剥削人

最后，我们应该关注的不仅是政府和令人厌烦的恶行，有很多公司使用人工智能来最大限度地利用其客户和用户，而不是在思考人工智能如何使客户受益。一个例子是在赌博网站中使用人工智能，其中人工智能可用

于预测用户的行为并鼓励他们花费越来越多的钱，即使他们可能没有钱。从本质上讲，这种人工智能是要吸引人们并使其沉迷，而不是向用户提供更好、更有价值的服务。

对我而言，人工智能道德化的使用，很大一部分意味着要使用人工智能和数据为客户、用户和员工提供真正的价值。如果可能，您将获得更高的忠诚度，而无须“欺骗”或“诱骗”人们。但是，成为一家有道德的人工智能公司也意味着与人们保持透明，让人们了解公司如何使用人工智能和数据，过去许多知名公司都曾在这个领域失败过。接下来，让我们一起来看一看吧……

隐私和不透明的日子结束了

对于与我合作的任何公司，我始终建议它们在使用人工智能和数据方面保持透明。从长远来看，一种道德、透明的方法将为企业增添真正的价值，并有助于建立与客户和其他利益相关者的信任，尤其是随着人们逐渐意识到人工智能的不道德使用问题。

Facebook 为我们所有人提供了教训

一个有用的反面故事来自 Facebook 的 Beacon 计划。该计划将来自各个外部站点的数据收集起来，并将用户从这些站点的在线购买记录发布到他们的 Facebook 墙。该计划的总体思路是帮助零售商进行促销。麻烦的是，用户不知道 Facebook 正在收集该数据并将其发布在它们的墙上。大多数情况下相对来说都是无害的，即使是侵入性的。例如某人从 Overstock 购买咖啡桌，然后看到购买记录被添加到她的 Facebook 墙上。但有一个例子是，某人在网上订购了一枚钻戒，Facebook 向他的所有朋友和家人乃至女朋友推送了他即将求婚的消息。[76]Facebook 自此停止了该计划，并因违反隐私法而被勒令支付 950 万美元的赔偿金。[77]

随着剑桥分析公司（Cambridge Analytica）丑闻的出现，Facebook 面临越来越大的压力，并被要求提高隐私意识。因此，在 2019 年，Facebook 宣布将改变其面部识别技术的使用就不足为奇了。这项用于为照片中的人物自动添加标签的技术，现在终于成为用户需勾选才可启用的设置。[78]Facebook 的这一决定是在该公司因使用面部识别数据而遭起诉并败诉之后做出的。上诉法院的裁决是："未经许可使用面部识别技术开发面部模板会侵犯私人事务"，[79]这可能会使该公司面临巨额赔偿金，原因是未获得用户同意收集其面部数据。

顺便说一下，以人工智能为基础的面部识别技术的广泛应用，使许多人感到警惕，并促使一些城市禁止其使用。尽管面部识别为治安和安全带来了好处，但许多人认为这项技术对个人隐私构成了威胁。人类不应低估面部识别的潜在缺点。这项技术在某些情况下相比有色人种和女性更善于

识别白人男性，这导致人们担心它可能会识别错误。出于对准确性和隐私的担忧，立法者现在呼吁对面部识别技术进行监管。

甚至我们的家也不再像我们想象的那样私密

曾使用某些智能家居产品的客户在 2019 年大为恼火，因为有人正在监听他们对 Alexa 和 Google Assistant 发出的请求。亚马逊和谷歌都承认聘请承包商来监听来自 Alexa 和 Google 助理设备的匿名音频剪辑，对于许多客户来说，这听起来像是“间谍”。两家公司都强调承包商只是为了提高智能助手的功能而监听，例如培训语音识别系统。但事实仍然是，客户通常不知道人类可能会收听他们的音频数据。

亚马逊最近的专利申请也引起了隐私拥护者的极大关注。该公司设计的智能门铃使用摄像头监视邻居并向警察报告可疑活动，这听起来使人很困扰。[81]是否有人喜欢邻居的门铃监视他们？尤其对于那些选择不使用亚马逊或在家中不使用智能产品的人来说，隔壁的亚马逊设备可能正在收集有关其活动的信息这一事实至少令人生厌。

当然，事实是我们的智能家居设备一直都在收集大量数据，Google 也是如此，我们访问的网站也是如此，我们的电话也一样。一般而言，问题不一定是收集或使用这些数据，而是当人们事前不知道自己的数据正以某种方式被人使用，并且没有选择加入或退出的机会时，就会引发消费者的强烈反对（就像装了智能门铃的邻居一样）！

不过，隐私浪潮正在转变。在撰写本书时，亚马逊刚刚在其 Alexa 设置中引入了“不进行人工审核”选项，该选项使用户可以选择禁止由人工手动审核音频。[82]随着消费者越来越了解隐私问题，这种设置将变得越来越普遍。换句话说，公司不再能够默认自己拥有人们的数据（音频数据、面部数据、在线活动数据等）的所有权，并将人工智能应用到这些数据上。展望未来，公司必须在使用数据和人工智能的方式上做到 100%透明，并确保获得客户的同意。

“黑箱”问题与工作原理

人工智能正在支持越来越多的日常决策，从在撰写本章时纠正我的错字的拼写检查器，到我开车时跟随的卫星导航。我们对这些系统非常信任，这使我们可以利用其来指导我们的决策和活动，而无须真正考虑系统的运行方式。人工智能就像香肠一样，我们大多数人不需要了解香肠是如何制成的，我们只是想吃掉它！

箱子里面发生了什么

问题是，即使当我们确实想了解人工智能是如何做出决策时，我们也可能无法获得解释，这是因为我们不总是能够了解人工智能如何做出决策，尤其是非常先进的深度学习人工智能。我们将数据输入系统，另一端

弹出一个决策（我眼前又禁不住闪现香肠的画面），而且很难准确地解释两者之间到底发生了什么而产生了这项决策。换句话说，您不能像打开引擎盖一样查看人工智能系统的构造，甚至人工智能工程师也不总是能够了解他们自己的系统是如何工作的。

如果我们不了解先进的人工智能算法是如何制定决策的，那对我们如何使用人工智能就会产生严重影响。例如，欧洲数据保护条例（GDPR）规定，个人有权获得有关自动处理系统如何做出影响他们的决策的解释，如根据自动化系统做出的决定，您的抵押贷款申请被拒绝。GDPR 表示您有权获得为何拒绝您的解释，如果公司无法解释他们的系统是如何做出决策的，那么他们实质上就是在违法。

在另一个案例中，纽约西奈山医院的研究人员在从 700 000 人的病历中学习后，创建了一个可以预测疾病的深度学习程序。该程序名为“深度患者（deep patient）”，其被证明在预测病情方面非常擅长，甚至可以成功地预测像精神分裂症这样的复杂精神疾病的发生。考虑到精神分裂症连医生都难以预测，这使临床医生感到困惑。[83]该系统根本没有提供任何关于它的预测结果的依据。因此，假设您作为医生，面对一名预计会发展为精神分裂症的病人，您将面临一个棘手的难题——您相信系统所说的话吗？是的，它似乎非常准确，但是对于您的患者，您无法验证其预测的准确性。您是否会根据无法解释的人工智能，而决定更改患者的用药？如果决定有误，那么谁将被视为责任人？

这是信任的问题

这种理解的缺乏，对责任、信任以及准确性提出了巨大的挑战。如果我们不了解某件事情的工作原理，又该如何确定或预测它可能会在什么地方失败？如果我们无法解释人工智能的决策过程，我们应该完全信任人工智能吗？还是我们会找到直观的方法来辨别何时信任人工智能、何时不信任人工智能（就像对待人类一样）？目前，这些问题尚未得到解答。

好消息是，人工智能公司似乎正在把握这种局势。例如，2019 年，IBM 发布了一个新的算法工具包，旨在帮助解释深度学习人工智能的决策。该工具包名为 AI 360 Explainability，它在某种程度上可以解释人工智能决策，但这并不是“万灵丹”。

当您考虑我们人类盲目地遵循自动化系统的趋势时，所有这些都令人担忧，这就是我在第 8 章中提到的“自动化偏差”问题。要使公司成功部署人工智能，不仅需要考虑其自动化决策的可解释性，还需要使员工意识到自动化偏差的风险。人们需要接受培训，以免盲目地遵循自动化系统，他们必须学习批判性思考，并提出有关系统如何做出决策以及使用哪些数据进行决策的问题。因此，提高整体数据质量，是克服自动化偏差的重要组成部分（请回到第 8 章，详细了解自动化偏差、批判性思维和数据质量）。

避免有偏差的人工智能

人工智能的众多优势之一是它具有减少偏差的潜力。当人工智能系统增强决策甚至自动化决策时，我们可以消除人类带给决策过程的一些弊端。招聘过程就是一个很好的例子，如果人工智能可以用于评估初始申请者，那么它可能有助于消除歧视并改善工作场所的多样性。

总之，这就是我的想法。事实上，人工智能算法的好坏取决于训练它所用的数据。如果是在有偏差的数据上训练的，那么人工智能系统就会出现偏差。假设我训练了一个简单的人工智能，仅根据历届总统的历史数据来预测下一任美国总统，那么人工智能很有可能预测下一任总统将是一个年富力强的白种男人！这是因为在训练数据中存在着严重的种族和性别偏见。

为什么数据会有偏差

有偏差的数据并不意味着有偏见的数据科学家或开发人员。这很可能是由于缺乏代表性而造成的无意识的偏差，这意味着可能是一种内在的系统偏差，而不是任何人头脑中的偏见。我所列举的关于往届总统的虚构数据库就是系统偏差的一个案例。另一个真实的案例是使用有缺陷的系统来评估被告再次犯罪的风险。当更仔细地检查一种累犯分析工具时，研究人员发现，与白人被告相比，黑人被告被错误地判定为具有高再犯风险的可能性更大。同时，白人被告更有可能被错误地判定为低风险。[84]

减少组织内数据偏差的风险

那么，如何避免数据固有的偏差呢？最显然的方法是检查正在使用的数据的代表性是不足还是过度，您可能会发现需要其他数据来矫正此问题。例如，我在本章前面提到过，已经发现面部识别系统在识别白人男子方面很精准，而在识别妇女或有色人种方面却不那么准确。这是因为，在用于面部识别系统的广泛使用的数据训练集中，超过 75%的是男性和 80%的是白人，对此程序员可以通过在训练数据集中添加更多种面孔来轻松地纠正这一问题。[85]

人们也必须学会批判性地思考通过人工智能增强或自动化的决策，而不是盲目地遵循这些决策，这进一步强调了需要提高每个组织成员的数据素养和批判性思维能力（请参阅第 8 章）。

不解决数据偏差的后果可能会很严重。您可能会发现决策不正确，或者声誉和信任度下降，这些结果对于任何组织来说都是非常糟糕的。具体到您所在的行业，后果可能更加严重。试想一下，如果患者治疗决策基于有偏差或不完整的数据集会发生什么？不难想象，可能还会带来严重的法律后果。

有关安全和黑客的问题

在第 6 章中，我重点介绍了如何使用人工智能来提高 IT 安全性和检测网络钓鱼诈骗。不幸的是，人工智能和自动化也可以被黑客利用。例如，人工智能机器人可以用来自动检索存在安全问题的站点，而人工智能驱动工具可以用来一次自动执行多次勒索软件攻击。换句话说，由于有了人工智能，攻击将变得比以往任何时候都更便宜、更容易部署。

技术一直对恶意使用开放，这并不是什么新鲜事，而人工智能技术的飞速发展意味着我们可能面临比想象的要早得多的复杂威胁。例如，网络钓鱼可能变得更加难以发现。网络钓鱼依赖于看起来逼真的消息，旨在诱使人们访问假网站并泄漏其安全详细信息，从理论上讲，它可以使用人工智能使这些消息看起来更加真实。想象一下，您的虚假伴侣发送的消息要求您告知他您联名银行账户的登录详细信息，人工智能可以使该消息像您的伴侣所写的那样。听起来有些牵强？试想一下，聊天机器人技术已经变得多么贴近真实，以及要人类要想分辨一个机器人是有多么困难。生成包括虚假音频和视频在内的虚假内容变得越来越容易，可以想象，黑客可以伪造 IT 同事的声音，并以此欺骗员工交出系统密码。

用来提高 IT 安全的技术恰恰可能被组织想要防御的敌人拿来借鉴。那么，组织应该怎样做才能保护自己呢？我认为无须多言，所有组织都需要一个强大的、定期更新的 IT 安全策略。但是，对我而言，警觉永远是第一道防线。组织必须意识到不断变化的威胁形势，并且必须努力教育员工有关潜在威胁的信息，并确保每个人都知道公司的安全策略。

正视人工智能对气候的影响

人工智能是一个渴望权利（电力）①的野兽，当然，这不是指肮脏的政治，而是指能源利用方面。

在讨论人工智能和道德时，很少有人提出人工智能与能源使用之间的联系。是的，诸如智能恒温器之类的由人工智能驱动的工具可以帮助我们所有人提高能源效率，这很棒。但是我们也不应忘记这样一个事实——人工智能需要巨大的计算能力才能工作，而这反过来又需要大量的电力。考虑到我们今天的大部分能源仍然来自煤炭和石油，这意味着人工智能是建立在能源基础之上的。

“云计算”和“人工智能即服务”等先进技术使这一点很容易忽略。将数据存储外包到云中并使用基于云的软件时，很容易忽略所涉及的能源消耗。毕竟，您不需要复杂的数据中心来支持您的分析，它位于云端。但是云并不是一个抽象的概念，而是真实存在并且依靠计算能力来发挥作用的。只是您使用的是其他人（例如微软或亚马逊）的计算能力，而不是您自己的。

---

① 英文原文为“power-hungry”，这里的 power 既可以理解为权利，也可以理解为电力，作者这里使用的是双关语——译者注。

具有讽刺意味的是，世界上一些最大的雇主，一些最具环保意识的公司，它们拥有高科技、对环境影响小的建筑和校园，却在通过使用人工智能消耗大量的电力。我们在谈论什么样的影响？训练一个人工智能系统所产生的碳排放量是美国人每年平均水平的 17 倍。[86]自 2012 年以来，训练人工智能系统所需的计算能力每 3.5 个月就增加一倍。[87] 据预测，到 2025 年，人工智能的用电量将占世界用电量的十分之一。

（想一想：如果我们将这些能源用于解决世界上一些最大的问题，例如癌症、贫困、疟疾的蔓延、所有人都无法负担得起的医疗保健，或气候变化的影响，那将会取得什么样的成就……）

事实是，对于大多数企业而言，无论大小，人工智能都已成为越来越现实的选择，这是没有回头路的。技术进步只会单向发展，毫无疑问，未来最成功的企业将是人工智能驱动型组织。因此，我在这里传达的信息并不是因为消耗大量能源而要避免人工智能，相反，我认为我们应该更多地意识到人工智能所使用的能源。企业也应该让云服务提供商为自己的能源使用量负责。为此，大型科技巨头需要更加提前了解人工智能对地球造成的损失。

我相信，所有组织都必须学会按重要性排列人工智能。换句话说，仅因为可以通过人工智能分析或自动化某些事物，并不意味着就应该如此。道德地使用人工智能最重要的一方面就是，在为您的企业和利益相关者带来最大利益的地方使用它。

道德的人机关系

请允许我稍微讲一下未来景象。随着人工智能机器人成为人类日常生活和工作中越来越普遍的一部分，有必要考虑我们与未来机器人的关系，以及我们与机器人的互动实际上可能会如何改变人类彼此互动的方式。

社会学教授尼古拉斯·克里斯塔基斯（Nicholas Christakis）在 Atlantic 上发表论文时，描述了他在耶鲁大学的实验。在那次实验中，一个机器人同事的存在使人类更加放松，两者彼此协作（完成工作）。小组与一个活泼的机器人配对，这个机器人在任务过程中坦率地承认错误并道歉（故意编程的），结果发现他们之间可以更好地交流和协作。相反，克里斯塔基斯的另一项实验表明，以自私的方式玩在线游戏的机器人使慷慨的人类玩家也做出了类似的自私行为。因此，机器人的存在会影响人类的行为方式，这是雇主应考虑的一个有趣的观点。

再往前看，随着机器人有潜力变得更逼真，并且更有能力执行类似人类的思维过程，机器人会不会不再是机器，而是一种新的生命形式？如果发生这种情况，那么人类和机器人将如何相互作用？机器人将享有什么权利？我们如何确保以道德、公正的方式对待机器人同事？这肯定是值得思考的趣事。但是，就目前而言，让我搁置我的“银翼杀手”般的想象，并专注于当下。您的组织应该怎么做，才能确保以道德的方式使用人工智能？让我们找出答案。

 付诸道德地使用人工智能

本章前面提到的针对 Facebook 的诉讼表明，公众是如何开始意识到围绕人工智能的道德问题的。决策者和监管机构无疑将对人工智能产生越来越浓的兴趣，而这种公众意识和潜在的强烈抵制只会增加。因此，追求道德地使用人工智能至关重要。

对我来说，这意味着组织必须：

- 与客户和员工建立信任关系。
- 避免黑箱问题。
- 批判性思考。
- 检查数据和算法中的偏差。
- 利用可用的最佳实践指南。

让我们依次简要回顾一下每个方面。

建立信任

组织必须对客户、员工和其他利益相关者公开他们是如何使用人工智能和数据的。像 Facebook 这样的公司到目前为止在这方面做得并不够好，他们可能试图在不告诉用户他们在做什么的情况下逃脱惩罚。随着监管机构开始越来越多地审查大型科技巨头，效仿这种不透明的做法是一条危险之路。最好是直截了当地告诉用户您收集了什么数据，如何分析这些数据，以及为什么要这样做。所有这些都要以直接的方式进行，而不是用冗长、没人会读的术语和条款来掩盖细节。

出于道德层面考虑，以道德为导向的人工智能驱动型企业不仅要透明，而且还应征得知情人同意以收集人们的数据，并在可能的情况下让人们有选择退出的权利。

建立信任的另一个关键部分是价值。这个由人工智能驱动型的组织并不是在剥削人，或是从消费者身上榨取每一分钱，而是尽可能增加真实价值。想想人工智能如何帮助您创造更好的产品、提供更智能的服务，解决客户的问题，改善员工的工作生活等。当人们得到很明显的价值回报时，通常都很乐意让企业使用他们的数据。

避免黑箱问题

如果您不能解释人工智能系统是如何做出决策的，那就三思而后行。组织必须考虑询问人工智能提供者和专家，了解他们的人工智能是如何工作的。如果他们不能向您解释，您将如何向您的利益相关者解释？您如何去相信这些决策？尽可能地寻找能够提高可解释性的人工智能工具。如我在本章前面提到的 IBM 工具包。

批判性思考

仅仅因为人工智能可以增强或自动化决策，并不意味着我们应该把所

有的决策都交给机器。恰恰相反，随着越来越多的决策被人工智能所驱动，人类对人工智能系统进行批判性思考的需求比以往任何时候都更加重要。在实践中，这意味着教育组织中的员工关于人工智能的知识，并鼓励他们质疑人工智能决策（涉及的数据、如何做出决策等），而给人们提供克服自动化偏差所需的工具是非常重要的（请参阅第 8 章）。

检查数据和算法中的偏差

组织必须考虑用于训练其人工智能系统的数据，尤其是这些数据是否过度或不及地代表了某些因素，以及算法中存在偏差的可能性。诚然，这需要专家的眼光才能真正深入地检查数据和人工智能算法，但这并不表示非技术人员就没事了。组织必须考虑向人工智能提供者提出这些问题，而不是盲目地相信数据和人工智能算法是没有偏差的。

利用可用的最佳实践指南

令人欣慰的是除了上面列出的提示外，还有一些优秀的最佳实践指导方针和组织正在推广负责任的使用人工智能。在此，我强烈建议：

- **人工智能合作组织（Partnership on AI）**。这一组织正致力于围绕人工智能塑造最佳实践、研究和公众对话，成员包括亚马逊和谷歌等公司、英国广播公司等媒体机构，以及联合国儿童基金会等非营利组织。
- **美国在人工智能领域的领导地位（US Leadership in AI）**，由美国国家标准与技术研究院出版。[88]与其说是一套明确的规则，不如说是制定人工智能标准的高级路线图，但它确实提出了促进负责任地使用人工智能的潜在举措，并且有助于展望人工智能未来标准的发展方向。

- **可信赖人工智能的道德准则（Ethics Guidelines for Trustworthy AI）**，由欧盟委员会出版。[89]这一准则提出了人工智能系统能被信赖所必须满足的关键要求。
- **人工智能原则（Principles on AI）**，由经济合作与发展组织 OECD 出版。[90]就个人而言，这是我最喜欢的一组人工智能原则，我强烈建议所有公司遵循这套最具实践意义的国际人工智能标准。经济合作与发展组织指南已被 42 个国家正式采用。

经济合作与发展组织"负责任地使用人工智能原则"指出：

- 人工智能应该造福人类和地球。
- 人工智能的设计应尊重法律、人权、民主价值和多样性。
- 应具有透明性，以便人们可以理解和挑战基于人工智能的结果。
- 人工智能必须以一种稳健、安全和可靠的方式运作——不断评估和管理风险。
- 根据这些原则，部署人工智能的组织应该对其正常运作负责。

最后，我必须强调，这只是人工智能监管的开始，我们仍然会看到新的标准不断涌现，因此，最重要的是组织要及时了解最新的最佳实践方法与法律。

关键要点

在本章中，我们了解到：

- 作为一个有道德的人工智能公司，意味着使用人工智能和数据为客户、用户和员工提供真正的价值。
- 至关重要的是，您的企业在如何使用数据和人工智能方面，应对客户、员工和其他利益相关者保持100%的透明。
- 可解释性是公司需要解决的一个关键挑战，因为我们不一定知道人工智能有多复杂。因此，您的员工必须学会批判性地思考人工智能系统，并质疑人工智能是如何做出决策的。
- 人工智能的好坏与它使用的数据相辅相成，因此请关注数据中的偏差。
- 安全是另一个关键的挑战，因为人工智能可以用来提高攻击的复杂性、易用性和扩散性。重要的是您必须制定和维护可靠的安全策略并提高对威胁的意识。
- 一定要了解最新的最佳实践指导和新的法规。

道德问题和潜在的人工智能风险并不是公司在人工智能旅程中需要克服的唯一障碍。对于某些企业而言，为人工智能找到合适的数据可能是一个挑战。在下一章中，我将探讨人工智能与数据之间的关系，并阐明如何收集或访问所需的有价值的数据。

10　人工智能需要大量数据

智能机器非常渴望数据，这意味着没有数据就不会拥有我们所知道的人工智能。机器学习中的许多最新突破（请参阅第 2 章）都来自数据，或者更具体地说，我们拥有比以往任何时候都要更多的数据。

因此，在智能革命中，数据已成为至关重要的企业资产。对于某些企业来说，这是他们拥有的最重要的资产。然而，数据对许多企业而言都是一项挑战。您需要哪种数据以及如何访问或生成这些数据？在本章中，我们将探讨人工智能对庞大数据集（基本上是数据收集）的需求，以及如何获得所需的数据以使您的企业更加智能。

数据并不是最生动的东西，它通常很枯燥，而且技术性太强，但请不要试图跳过本章。在这里，我的目标是使该主题尽可能地易于理解和易于参与，以确保您不需要数据科学背景即可理解和充分利用数据。

回顾数据的惊人增长

人工智能算法如此渴求数据这一事实似乎令人望而生畏，但企业领导者可以从他们已经拥有的数据比以往任何时候都多的事实中振作起来，更重要的是，拥有一个有限的数据集可能并没有您想象的那么困难……

数据的加速

我们今天掌握的绝大多数数据都是在最近这些年才创建的。事实上，当今世界 90%的可用数据都是在过去两年中产生的。[91]我们每两年的可用数据量也会翻一番，[92]大数据也越来越庞大，以至于市场情报公司 IDC 估计，世界上的数据量将会从 2018 年的 33 泽塔字节（zettabytes）增长到 2025 年的 175 泽塔字节。这是一个很庞大的数据量，试着在 DVD 上存储 175 泽塔字节，这些 DVD 码起来的长度可以环绕地球 222 圈。

真正令我兴奋的是，我们目前仅分析了可提供给我们的一小部分数据，而人工智能让分析那些复杂、庞大的数据（例如视频数据）的过程变得更加轻松快捷。因此，随着人工智能变得越来越智能，我们将能够利用更多的海量数据和不同类型的数据。

可这些数据是从哪里来的呢？在第 2 章中，我曾描述过了即使是简单的日常活动又是如何产生数据的。如果您带着手机在散步时拍照，或者戴着健身跟踪器，即使是类似散步这样的活动也会产生数据。当您想到我们生活日益数字化时，您也许就不会对人类产生的数据量每两年翻一番这一事实而感到如此惊讶。

2019 年在互联网上 1 分钟内有：[93]

- 100 万人登录 Facebook。
- 谷歌收到 380 万个搜索请求。

- 1.88 亿封电子邮件被发送。
- 450 万个 YouTube 视频被观看。
- 超过 4 000 万条消息在 WhatsApp 和 Messenger 上被发送。

而这只是在 1 分钟内发生的事。

为什么我们将来可能不需要那么多数据

有趣的是，虽然人工智能给了我们更多的机会去理解数据，但它也可能意味着我们未来需要的数据更少。对此感到疑惑是吗？随着人工智能变得越来越智能，它将越来越依赖于更少的数据样本。目前人工智能需要大量的数据集来学习（这就是所谓的训练数据）。但是，随着时间的推移，人工智能系统将更好地从有限的训练数据中进行学习，它将更好地进行一般推理，并能够像人类一样，根据少量数据来理解概念。举个例子，假设您第一次给某人看一张驯养猫的照片，然后给他看一张山猫的照片，他很可能会认出山猫是一种猫，而不需要告诉他现存的所有不同种类的猫。人类天生的智力和推理能力意味着我们可以将猫的一般概念应用到其他类型的猫身上（当然，还可以解决其他更紧迫的问题）。

今天的人工智能尚需接受大量数据的训练才能做到准确，而且很容易被不太熟悉的情况击败。例如，iPhone X 的面部识别系统无法识别“早起的面孔”——我们很多人在刚起床时面部都会显得臃肿、疲惫。但是，随着时间的推移，人工智能系统在人类擅长的一般推理方面会变得更好，这

反过来也会减少它对大量训练数据集的需求。

在减少数据需求方面，两项开发将发挥重要作用：强化学习（reinforcement learning）和生成式对抗网络（generative adversarial networks, GANs）。强化学习本质上意味着让人工智能通过一个反复试验的过程来自学，而不是由人类程序员来教授，人工智能就能提出以前无法想象的问题解决方案（请参阅第2章）。简单来说，生成式对抗网络涉及将两个相互竞争的网络配对以增强其理解。例如，在识别图片中的猫时，一个网络可能正在努力将假猫图片与真猫图片分开，而一个“竞争”网络可能正在创建看起来像猫但不是猫的图片，以试图愚弄第一个网络。通过此过程，两个网络都将更好地理解猫的一般概念，并且由于该系统正在生成自己的可信的猫的图片，因此不需要学习太多的“真实世界”数据。

因此，在未来，我们可能会看到机器的推理能力和常识得到增强，从而使它们能够从较少的例子中进行归纳。换句话说，现在人工智能没有数据就什么都不是，但情况并非总是如此，因为人工智能会变得更像真正的智能，而这种对数据需求的减少，有望使人工智能更容易被企业使用。

您需要什么类型的数据以及需要多少数据

遗憾的是，没有一条经验法则适用于所有企业。您需要的数据类型和您需要多少数据取决于您想要达到的目标，所需的数据量将取决于您要解决的问题有多复杂，我们还需要记住，不同的分析方法需要不同的数据，例如，计算机视觉系统的视频数据，或自然语言处理系统的对话数据。

以下指导原则将帮助您评估数据需求。

- 您的数据需求应该由您的人工智能战略驱动。
- 超越传统的数据类型。
- “10 法则”可以帮助确定数据量。

下面让我来依次介绍每一点。

您的数据需求应该由您的人工智能战略驱动

我们知道，数据是重要的企业资产。但我注意到了一些令人担忧的趋势——一些 IT 供应商要求公司收集其可能的每个数据点，而永远不会浪费任何数据。如果您拥有 Google 之类的公司的无限资源，那很好，但绝大多数公司根本不需要收集所有可能的东西。收集大量数据需要金钱、技能和基础设施，而您最好专注于满足您企业需求的最重要数据。这就是您的人工智能战略的用武之地（请参阅第 7 章）。重新审视您的人工智能用例，这些优先项目将有助于确定您需要什么样的数据。如果您有能力和机会收集超出这些需求的其他数据（以备将来之需），那么也可以考虑一下，但是，始终首先要从战略需求入手。换句话说，您正在寻找一种平衡的数据处理方法，该方法根据您的人工智能用例确定数据选项的优先级，但要将数据视为您希望在合理范围内增长的整体企业资产。这是我在为公司提供数据需求建议时所采用的方法。

超越传统的数据类型

即使到了今天，当我们想到数据时，大多数人还是会想到传统的结构化数据，例如数据库。但现在有很多其他数据选项可供选择，如声音数据、图像数据、文本数据、活动数据、机器对机器数据、传感器数据……

同样，您需要的数据类型是传统的结构化数据，还是复杂的非结构化数据（例如视频数据）它取决于您要解决的问题或要做出的决定。 在权衡数据类型时，询问自己以下问题可能会有所帮助。

- **哪些类型的数据与此特定目标相关？** 您可以使用大量数据，但是如果它不能提供有关您的特定目标或未解决的业务问题的有意义的答案，那它就不是很有用处。
- **如果您可以挥动魔杖，您希望获得哪些数据？** 正如我们将在本章后面看到的那样，仅仅因为您没有某些数据，并不意味着您无法通过其他方式访问或模拟该数据。
- 数据的多样性很重要，因此您可能需要合并不同来源的数据以获得最佳见解，例如，将内部数据与外部数据相结合。因此，牢记这一点，**哪种数据源组合最能满足您的需求？**

"10 法则"可以帮助您确定数据量

开发一个人工智能模型，需要一个训练数据集（training dataset），这是用来训练人工智能算法，执行各种任务或做出某些决定的数据集。目前，训练数据集往往非常庞大，因为人工智能需要从中学习。

估算训练数据集的大小并不容易。事实上，您需要的数据量越来越复杂，许多专家用“10 法则”作为一般经验法则，这意味着您需要的数据量是模型中自由度的 10 倍（自由度可能是影响输出的参数，或者只是数据集中的一列）。然而，这仅是一种非常快速的估算，简单的人工智能算法所需要的数据可能比“10 法则”所暗示的要少得多。

您还需要一个单独的测试数据集（test dataset），以测试人工智能算法的工作效果，尽管测试数据集通常比训练数据集要小得多。

 如何找到正确的数据

那么，所有这些数据从何而来？提供数据的选择有很多，主要包括：

- 自己收集新数据。
- 使用公开可用的数据。
- 购买外部数据。
- 众包外部数据。
- 扩充现有数据。
- 创建合成数据。

我将依次介绍这些选项。但在您开始探索获取新数据的选择之前，第

一步是要知道您已经拥有哪些数据。

审计您的内部数据

以我的经验，大多数公司拥有的数据比他们想象得要多，只是数据可能分散在不同的系统中，并没有被真正充分利用起来。因此，了解您已经拥有的数据是一大进步。

您的内部数据可能包括：

- 交易历史。
- 有关客户如何使用您的产品或服务的数据。
- 网站用户活动数据。
- 财务数据。
- 人力资源数据。
- 来自制造机械的数据。

实际上，大多数公司已经获取了上千个不同的数据集。

您的内部数据是一座十分丰富的“金矿”，因为它与您的业务紧密相连。结合其他数据源（特别是外部数据源，稍后会介绍），您的内部数据可以提供非常详细和有价值的见解。

例如，您可以使用有关客户购买和支出的数据来计算客户的生命周期价值，这使您有机会将营销支出和活动集中在那些为企业带来最大价值的现有客户上。将这些知识与外部提供商的数据相结合，可以进一步提高成功率。因此，如果您从内部数据中了解到您的最高价值的客户超过 50 岁，并且居住在公司 10 英里范围内（仅作为示例），那么您就可以使用外部数据（例如社交媒体）来定位更多像这样的客户，或者，您可以使用 Google 趋势数据来了解核心受众群体中的趋势。

为了最大限度地利用内部数据，您可能需要将不同的内部资源数据组合到一个数据位置，或者在公司的各种数据孤岛之间创建链接。这是可以获得技术之处，所以一定要与内部数据专家或数据顾问讨论您的选择。

像许多公司一样，您可能会发现内部数据会在某种程度上实现您的战略目标（请参阅第 7 章），但这并不足以实现您想要的一切，这时您需要开始探索收集或访问新数据的选项。让我们依次看一下这些关键选项。

自己收集数据

为了补充现有的内部数据，您可能需要收集新的内部数据。这可能就像更改输入顾客关系管理系统的数据那样简单，或者可能意味着诸如升级制造机械以囊括新的传感器。

现在有很多令人兴奋的新方法来收集数据，所以无论您需要什么样的数据，您都很有可能生成这些数据。以下是我喜欢的两个公司跳出框架来生成新的内部数据的案例：

- 邮轮运营商皇家加勒比邮轮公司（Royal Caribbean Cruises）投资了一些有趣的新数据收集方法，以更好地了解和改善船上的客户体验。船上现有的闭路电视摄像机采用与计算机视觉监控系统关联的智能技术进行了改装，借助现在从闭路电视摄像机收集到的数据，该公司可以跟踪人们在船上移动时的脚步，监视队列的集结，甚至可以测量餐馆中的餐桌周转时间。

- 迪士尼也采取了类似的方法来了解顾客在其度假胜地的旅程，但其使用的是可穿戴技术。公园的游客会得到一个 MagicBand 腕带，它可以作为乘车通行证、酒店房间钥匙、支付设备等。当游客在度假村内走动时，该腕带还会与传感器进行通信，这意味着迪士尼能够准确地知道游客的位置以及他们在做什么。例如，当游客进入一个游乐设施时，数据会实时发送给运营团队，然后他们可以决定在公园的某些区域增加工作人员，或者鼓励游客在公园的另一个地方尝试不同的景点，这有助于更有效地利用公园。

尽管有很多机会提升您的内部数据，但您很可能需要额外的数据来实现您的目标，或者您根本没有办法在内部收集到正确的数据。这就是外部数据（如社交媒体数据、人口统计数据、天气数据等）派上用场的地方。让我们来探索一下访问外部数据的主要选项。

使用公开可用数据

这是可供人们免费使用的外部数据（与作为付费服务提供的外部数据不同，后面将会介绍这方面的内容）。访问免费的公开数据有很多很棒的选择，包括：

- 英国数据服务（UK Data Service）提供了许多数据集，可以帮助您了解某些人口统计的需求。
- 网站 Data.gov.uk 是获取市场和消费者洞见的绝佳资源，其中包括来自英国中央政府、地方当局和公共机构的数据。对于美国政府数据，请访问 Data.gov。对于欧洲公共数据集，则可以使用欧盟开放数据 Portal。
- 世界银行开放数据提供全球人口统计数据和经济指标数据集。
- Kaggle 包含许多公开的诸如从伦敦的自行车共享到巴西的森林火灾的数据集。
- 微软研究开放数据（Microsoft Research Open Data）提供了已发布的研究报告的精选数据集。
- 亚马逊网络服务（Amazon Web Services）提供对大量公共数据的访问，具有方便的搜索和用例。
- 谷歌正致力于通过其数据集搜索引擎（Datasets Search Engine）使公共数据更容易被发现，该引擎允许您按名称搜索数据集。
- 还有谷歌趋势（Google Trends），它可以让您分析来自世界各地的网络搜索活动和趋势主题的数据。
- 对于开放图像数据，ImageNet 包含数千种类别的数百万图像。或者，还有谷歌的开放图像数据集（Google's Open Images Dataset）。

- 视频数据方面，则有 YouTube 8M。

使用公开可用数据的主要缺点是每个人都可以访问它。只有当您能够以某种独特的方式将开放数据与其他开放或付费数据相结合，或者将其与您自己的内部数据一起使用时，开放式数据才会给您带来竞争优势。另外需要注意的是，从理论上讲，对公开数据的访问随时可能会被撤销。换言之，如果您需要的数据对您的日常业务运营至关重要，那么我建议您对仅依赖于公开可用的数据应保持足够的谨慎态度。

购买外部数据

除了免费提供的外部数据外，还有很多提供商可以出售数据访问权限。越来越多的公司正在打包和销售数据，我认为这项活动在不久的将来会大量增加。对一些公司来说，出售数据访问权限提供了额外的收入来源。约翰迪尔就是一个很好的例子，它为农民提供了与数据相关的附加服务（请参阅第 3 章）。收集和销售数据也可以是公司的主要业务活动，这类公司被称为数据中介。

数据中介已经存在了几十年，它们以营销或信用评分目的，建立消费者活动数据库。但是随着我们这个世界数据化程度的不断提高，数据中介已经适应了收集更丰富、更具洞察力的信息流。一些最大的数据中介包括：

- Acxiom 是全球直销数据领域的领导者，尤其是针对美国家庭的数据。
- 尼尔森（Nielsen）在市场调查、消费者行为和评级数据方面拥有巨大的影响力。

- Experian 将信用评分与营销专业知识相结合，并在多个行业提供数据服务，而不仅是在金融领域。
- Equifax 是另一家以信用评分为起点的公司，现已拥有超过 8 亿消费者、近 9000 万企业和来自 5000 多家雇主的员工数据。

除了这些数据中介外，您还可以从气象公司、卫星公司、电信企业、信用卡提供商和社交媒体平台购买数据访问权限——通常是通过简单的应用程序编程接口（API，本质上是一种允许两个应用程序相互通信的工具）。通过使用 API，开发人员可以连接和查询数据集。例如，Weather 2020 API 能够提供预测性天气分析和精确的长期天气预报。为了更准确地预测零售商的销售数据，可以将这些数据与内部销售数据相结合，为零售商的销售决策提供更准确的支持。又如，像 Twitter 这样的社交媒体公司，通常会提供一系列高级 API 来帮助用户查询他们的数据。

众包外部数据

有时您需要的数据并不容易获得，数据可能以各种不同的形式存在于其中，无法打包成一个有序的现成的数据集供您查询。众包数据为您提供了一种在尚未将其用作现成数据集的情况下收集外部数据的方法。波士顿市就是一个很好的例子。该市创建了一个应用程序 App，使居民可以报告道路上的坑洼情况，从而使该市更容易收集道路状况数据。

在人工智能时代，数据收集变得更加容易，特别是由于机器视觉等技术的进步。非营利组织 Wild Me 利用机器视觉技术，通过从社交媒体上收集野生动物的目击信息，以防止野生动物灭绝。Wild Me 的人工智能可以滚屏社交媒体，在社交媒体中的帖子、图片和视频中识别动物。人工智能可以从图像中识别出动物，识别它以前是否见过这种特定的动物，并识别出动物的位置。此外它还提供了一种巧妙的新方法来监测野生动物，而不需要在它们身上安装追踪器，这都要归功于人群的力量。

扩充现有数据

我在本章前面提到过，随着机器变得更加智能，并且能够更好地从小型数据集中学习，人工智能在未来可能会需要更少的数据。但是到目前为止，人工智能模型的训练仍然依赖于巨大的数据集。那么，如果您的数据不足以训练人工智能怎么办？数据扩充提供了一种从现有的小型数据集中创建更多数据和数据变体的方法。如果您需要增加人工智能的数据训练集的多样性而不收集新的数据，这种方法是非常好的一种选择。

创建合成数据

现在，除了增加现有的现实生活数据外，您还可以创建可用于训练人工智能算法的完全合成的数据。合成数据（synthetic data）是指由计算机人工生成的任何数据（而不是从现实世界中收集的数据），但尽可能与现实世界中的数据属性接近。

这在很多方面都很有用。首先，它减少了收集真实数据所需的时间、成本和风险。当没有足够的真实数据来正确训练人工智能，或者由于隐私原因无法使用真实数据时，它也可以提供帮助。最终，合成数据可能有助于人工智能的民主化，并向那些没有每天创建大量数据的公司开放。麻省理工学院（MIT）的研究表明，使用合成数据可以得到与实际数据相同的结果。[94]

下面是一个数字世界的合成数据在现实世界中得到很好利用的案例。普林斯顿大学的一个团队利用游戏《侠盗猎车手》（*Grand Theft Auto*）帮助人工智能了解停车标志，以及这些标志在不同光线下的外观、被泥泞和积雪覆盖时的样子、部分遮挡时的样子等。[95]人工智能可用于帮助自动驾驶汽车学习如何在实际道路上导航。Google 的自动驾驶汽车部门 Waymo 通过在真实道路上行驶 800 万英里、在模拟道路上行驶 50 亿英里来测试其自动驾驶汽车。[96]

使数据适合于使用

您已经收集或访问了所需的数据，那么现在该做什么了呢？

正确准备数据

人工智能不仅需要数量正确的数据，还需要质量正确的数据，并经过充分准备数据，以确保洞察力准确一致并可以采取行动。这有点像烹饪过程，准备您的原料是创造美味佳肴的关键步骤，数据和分析也是如此。当您的数据来自各种不同的来源时，您不能只是把一堆不同的食材扔进锅里，然后指望最后能有一些可食用的东西出来，您需要确保所有的配料都经过充分的准备，并且能够协同工作。

由于每个项目都可能是不同的，涉及不同的数据，因此这里没有硬性的检查表。需要为数据和人工智能项目设计一套独特的工作流程，就像在开始烹饪前检查是否有正确的食材以及知道如何处理它们一样。但一般来说，您需要考虑以下步骤：

- **数据清理（Data cleansing）**。这意味着删除不准确、损坏的数据，或识别丢失的数据。没有一个数据集是完美的，但是数据的质量会影响结果的质量，因此整理数据是至关重要的一步，此外还应包括检查数据中的偏差。
- **元数据创建（Metadata creation）**。从本质上讲，它意味着标记数据以使分析系统更轻松地知道如何处理数据。
- **数据转换（Data transformation）**。涉及将数据转化成正确的格式以供分析系统使用。
- **数据标准化（Data standardization）**。这意味着确保数据以统一的方式显示，例如所有日期都采用八位数形式而不是六位数形式。
- **数据扩充（Data augmentation）**。正如我在本章前面提到过，它可以用于根据已知信息推断其他信息。

由于人工智能通常会使用大量数据，因此通常无法手动完成所有这些操作。但是，一个庞大且不断增长的数据准备工具市场已经出现，其中许多工具只需要很少的数据科学知识即可使用。

考虑所有权、道德和隐私

您可能并不“拥有”您正在使用的所有数据。例如，您可能正在访问外部天气数据或使用社交媒体 API。但随着数据成为竞争优势的来源，其所有权变得越来越重要。对于任何对核心业务运营至关重要的数据，我总是建议企业尽可能自己拥有这些数据（这可能意味着您需要投资新的系统来收集这些数据，而不是依赖外部资源）。这并不是说外部数据不重要，事实上，它是非常丰富的见解来源，只是不要忽略您不拥有数据这一事实，并且访问该数据的条款可能随时被更改。

至于道德和隐私，我已经在第 9 章中详细介绍过这些主题，因此请重温主要的道德考量。这里要记住的一个关键点是：仅仅因为您拥有某些数据或可以访问某些数据，并不意味着您有权将其用于人工智能，您需要确保已就预期用途获得批准。利益相关者的信任是绝对重要的，所以在您收集数据以及打算如何使用这些数据方面，要始终保持透明。

保护您的数据

同样，这是我在第 9 章中谈到的内容，在此不再重复。我在这里要强调的重点是，数据既是资产又是负债，尤其是涉及个人身份数据时，请确保您拥有适当的系统来安全地存储数据并确保其安全。

同态加密（homomorphic encryption）是一个前沿领域，它为人工智能系统带来了在不看到数据的情况下从数据中学习的巨大潜力，因为数据可以保持加密，这对安全性很好，但仍然可以用于训练人工智能。

保持数据最新

您可能拥有一个很棒的数据集，它可以完美地训练您的人工智能并拥有运行出色的分析系统。但是，如果您不更新数据，其实用性将很快下降。因此，重要的是要保持系统更新，不断寻找数据集中的差距和不准确之处，并时刻寻找可以添加到分析中的新数据集。

关键要点

在本章中，我们了解到：

- 目前，人工智能系统需要大量数据才能学习。但是，当未来的智能机器开发出更像人类智能的高级推理时，它们有可能从更有限的数据集中学习。
- 与其试图收集所有数据，不如采取平衡的方法来处理数据。对有助于交付战略用例（如第 7 章所述）的数据进行优先级排序，但应将数据视为您希望增长的总体企业资产。
- 您需要哪种类型和多少数据，将取决于您要实现的目标以及要解决问题的复杂性。

- 当要查找正确的数据时，首先要审计您已有的数据。然后，在需要其他数据的地方收集数据。用于收集数据的选项包括：自己收集新数据，使用公开可用数据，购买外部数据，众包外部数据，扩充现有数据以及创建合成数据。
- 最后，您需要准备要使用的数据，考虑所有权、道德和隐私问题，采取措施保护数据，并确保数据保持最新。

在您的人工智能之旅中，获得正确的数据是一个需要克服的关键障碍，这无疑需要进行某种技术革新。在下一章中，我们将深入研究人工智能的技术问题。

11　技术革新的必要性

人工智能需要某些技术，例如用于存储数据和运行人工智能流程的技术。做到这一点可能是一项巨大的挑战，特别是对于可能在 10 年前对技术进行了大量投资的老牌企业而言。如今，这些企业发现适合于上一次工业革命的技术已不再适合于智能革命，技术在不断发展。结果，这些企业有可能被新的初创企业——数字化原生企业所取代，因为这些初创企业没有受到传统技术体系的阻碍（一个很好的例子就是向老牌银行发起挑战的金融科技初创企业的涌现）。

因此，要全面拥抱人工智能革命，您可能需要重新考虑技术基础设施。幸运的是，有许多解决方案可供选择。然而在本章中，我将尽量避免对个别解决方案进行过多的详细讨论，因为技术发展得实在太快了。我们将关注评估您的技术需求时需要考虑的因素，并为那些不一定具备从头开发人工智能基础设施所需的内部技能和知识的公司寻求解决方案。

人工智能和数据的四个层次

有很多幕后技术可以让机器变得智能化。我们在本书中看到的令人兴奋的人工智能应用实例的背后，有数据收集系统、庞大的数据库、处理大量数据的计算机处理单元，以及帮助人类与智能机器协作的创新报告工具。广义上讲，当今最先进的人工智能所采用的技术可以分为四个过程或四个层次，这四个层次构成了人工智能技术堆栈。这些层次分别是：

- 数据收集（data collection）。
- 数据存储（data storage）。
- 数据处理和分析（data processing and analytics）。
- 数据输出和报告（data output and reporting）。

下面依次介绍每个层次。

数据收集

正如我们在第 10 章中看到的那样，人工智能依赖于所收集的数据。因此，对于这一层次，您必须考虑收集数据所需的技术。这些数据可能来自许多地方，从工业机械到我们随身携带的智能手机，智能物联网设备和传感器为企业提供了许多令人兴奋的新方法来收集数据。人工智能堆栈的数据收集层由与这些智能设备接口的软件组成，但也可能包括提供第三方数据的基于网络的服务，如营销数据库或天气和社交媒体 API（请参阅第 10 章）。记住，这些数据现在能够以多种形式出现，包括自然人类语言、活动数据、图像数据等。

数据存储

一旦您收集了数据，或者设置了对第三方数据源的访问，您就需要在

某个地方放置这些数据。因为人工智能数据通常是大数据（请参阅第 2 章），它需要大量的存储空间，并且需要能够快速、方便地访问。

得益于计算能力的进步，数据存储变得越来越便宜，我们现在能够存储几乎无限量的数据（当您考虑我们每两年生成的数据量翻倍时，这是件好事）。一些企业具有使用 Hadoop 或 Spark 等技术来建立自己的数据中心或数据湖（data lakes）的能力和资源，以应对所生成的大量信息。但对众多企业来说，这是不可能的，这就是云存储（cloud storage）发挥作用的地方。第三方云基础设施（如 Amazon Web Services）为许多企业提供了一个可行的解决方案，因为存储可以在需要时扩展或缩小。这些平台往往易于与分析和输出服务系统集成（请参阅下两层次），这对于希望充分利用数据和人工智能的企业来说是另一项优势。

对于这一层次，需要考虑的是，是希望将数据存储完全外包给现成的云存储解决方案，还是创建您自己的私有基础设施，让您完全掌握控制权，或者您可以选择混合解决方案，其中某些数据集保存在内部，而其他数据集则外包给外部云提供商。

数据处理和分析

虽然这四个层次对于产生有价值的见解都很重要，但这一层是人们在谈论人工智能技术时倾向于重点关注的一层。从本质上说，人工智能处理部分的内容丰富，算法在这部分工作中赋予数据意义。该分析过程可能包括机器学习、深度学习、图像识别、自然语言处理、情感分析、推荐引擎，以及我们在本书中探讨过的其他流行的技术术语。

正如我们在本书中已经看到的，正是人工智能算法的自学习能力（self-learning capabilities），才真正将当前的人工智能浪潮与之前的区别开来，同时伴随着可用数据量的增加，但这一切都需要大量的原始处理能力。今天，可用处理能力的增加来自于图形处理单元（GPU）的部署。GPU 最初是为生成复杂的计算机视觉效果等非常繁重的任务而设计的，它们的数学能力使其调整用途，而成为数据处理器的理想工具。专门为处理与人工智能相关任务而设计的新一代处理单元，应在未来为人工智能性能的进一步提升方面提供支持，尤其是在像量子计算（请参阅第 2 章）这样的进步取得成功的情况下。

人工智能算法通常以服务的形式提供，这些服务要么通过第三方 API 访问，部署在公共云上，要么在私有数据中心、数据湖中运行，或者在边缘分析的情况下，在数据收集点运行。例如，在传感器或数据捕获硬件内运行。人工智能即服务（AI-as-a-service）意味着企业不一定需要自己构建这项技术，您可以利用现成的人工智能工具并“插入”数据（尽管对于非常复杂或高度战略性的目标，您或许希望或需要开发自己的人工智能算法）。本章稍后将介绍更多有关“人工智能即服务”的内容。

数据输出和报告

您对数据输出的技术要求取决于您要达到的目标。例如，如果您的人工智能战略的目标是让机器更有效率和更有效果地在一起工作（也许是为

了预测性维护目的、尽量减少资源使用、简化或自动化业务流程)，那么这个层次就包含将您的人工智能处理系统的见解，传达给需要这些见解的相关业务系统或机器的技术。因此，如果您有一个自动化工具来评估抵押贷款申请者，并在几分钟内给他们一个决定，那么人工智能分析技术将需要与任何作为客户界面的系统进行通信。

另外，如果您的目标是在企业内部做出更好的决策，则需要可供交流见解的技术，以便团队成员采取行动。其中一个案例是销售助理使用手持终端阅读与站在他们前面的客户相关的见解和建议。在某些情况下，输出可能采用图表、图形和看板的形式，但语音接口（例如 Siri 和 Cortana 之类的技术）在这里也可以发挥作用，因为它们使数据输出更加直观和易于理解。根据我的经验，视觉和自然语言的结合可以使深刻的见解更容易理解和付诸行动。

总而言之，有许多不同的数据输出可以由人工智能系统产生，而且没有硬性的规则可以遵循。什么样的数据输出对您的企业合适，既取决于您试图实现的目标，又取决于根据人工智能产生的见解而提出的谁需要采取行动和需要采取什么行动。

考虑行业的特定需要

虽然人工智能技术堆栈的四个层次是一个有用的起点，但请记住，这只是一个框架，毫无疑问，还有其他您所在行业的特定因素需要考虑。例如，可能有某些法规限制了您存储或处理数据的方式，这些法规需要与四个层次一起考虑。

或者，可能存在一些竞争因素会影响您的技术基础设施决策。例如，最近推出的 Amazon Forecast 工具，就是第三方机器学习工具的一个很好的案例，企业无须创建自己的技术就可以使用它。[97]该工具可通过 Amazon Web Service 平台在某些地区使用，并基于 Amazon 自己的预测引擎，可帮助零售商预测产品需求。听起来不错对吧？绝对不错。但零售商可能不想使用亚马逊服务来提升内部绩效，他们可能将亚马逊视为主要竞争对手。然而，对于那些没有内部数据专家的小型零售商来说，这个工具可能是一个很好的资源……

总之，当考虑人工智能技术需求时，您需要在利用外部可用的工具和保持对自身的数据、流程和竞争优势来源的控制之间寻找到最佳平衡点。

简要介绍人工智能的硬件要求

许多人关注人工智能的软件要求，但同样重要的是，不应忽视硬件要求。如今，有更多的硬件是专门为人工智能而定制的，例如手机中的人工智能优化芯片。

告别摩尔定律（Moore's Law）

早在 1965 年，英特尔的联合创始人戈登·摩尔（Gordon Moore）就观察到，集成电路中每平方英寸上的晶体管数量每年都会翻一番，这意味着计算能力翻了一番。1975 年，他将其修改为每两年翻一番，这一修改内容后来被称为“摩尔定律”。在实践中，这意味着晶体管变得更小了（计算机制造商可以在更小的空间内容纳更多的晶体管，从而增加存储空间），处理能力提高了，计算机变得更小了，计算能力在经济上更可行了。这种戏剧性的、指数级增长的计算能力已永远改变了我们工作和生活的方式。

摩尔的预测在几十年内被证明是准确的。直到 2015 年，英特尔才宣布加速的速度已放缓到大约每两年半翻一番的速度。实际上，芯片制造已达到了如此微小的尺寸，以至于它们能够进一步小型化的程度是有限的，制造更小的晶体管变得越来越困难，换言之，这意味着摩尔定律不再适用，计算能力正在放缓。

GPUs 之后的下一步是什么

从人工智能的角度来看，摩尔定律的消亡是有趣的，因为人工智能是一只永不满足的渴求计算的“野兽”。当硬件不再以原来的速度加速时，硬件将如何跟上人工智能的需求？到目前为止，GPUs 在人工智能硬件领域占据着主导地位。但随着人工智能需求的增加，GPU 系统可能无法跟上其需求的步伐，新的、专门设计的人工智能硬件将不得不被创造出来。

研究人员正竞相开发各种解决方案，包括神经形态计算（Neuromorphic Computing）（使用电子电路模拟神经系统的神经生物学结构）、光学计算

（optical computing）（用光子代替电子）、定制的人工智能芯片（例如，移动电话中的芯片允许在设备上进行一些分析）、量子计算（quantum computing）（超快的计算机）和生物计算（biological computing）（使用生物衍生分子，如DNA，来存储和处理数据）。

英特尔、微软、英伟达（Nvidia）和谷歌等公司正在努力开发未来的人工智能硬件。最终，由于摩尔定律的消亡和对人工智能不断增长的需求，未来的超级计算硬件可能与我们今天看到的传统硬件大不相同。

充分利用人工智能即服务

如今，各种各样的公司已经习惯利用“某某即服务（as-a-service）”之类的服务。特别是在软件方面，许多公司不再一次性购买软件，而是以订阅/平台模式访问软件，每月或每年付费，通过基于云的平台远程访问软件。同样的事情对于人工智能解决方案来说也是可能的，因此人们将之命名为“人工智能即服务（AI-as-a-service）”。

什么是人工智能即服务（AIaaS）

我在第5章和第8章中简要地提到了AIaaS，但由于AIaaS是许多企业开始其人工智能之旅的关键选择，因此对其进行更详细的研究是有意义的。

您可能已经猜到，人工智能技术并不便宜。构建和测试机器学习算法并安装合适的硬件，成本可能高得让人望而却步。这就是为什么到目前为止，人工智能一直是谷歌和亚马逊等科技巨头的领域的原因。对于不能或不想从头开始构建所有内容的公司，AIaaS 是一个很好的解决方案。

把 AIaaS 看作现成的人工智能技术产品，您可以利用第三方现成的人工智能工具，而不必投资于昂贵的基础设施或新员工（虽然您可能不需要雇用掌握新技能的员工，但为了提高整个组织的数据素养，为您的团队投资数据和人工智能培训绝对是值得的，请参阅第 8 章的内容）。这些 AIaaS 解决方案降低了进入壁垒，使人工智能向更广泛的企业开放，包括非常小的企业。辛亏有了 AIaaS，几乎所有公司都可以使用人工智能来创建更智能的产品、更智能的服务和增强的业务流程，而无须花费巨额资金。如果您有数据，或者您可以通过其他来源访问您需要的数据（参阅第 10 章），AIaaS 意味着您几乎可以立即开始使用人工智能。

稍后，我将介绍 AIaaS 平台的一些案例。下面先介绍 AIaaS 工具的典型案例，包括：

- 聊天机器人和数字助理

这些是当前使用最广泛的 AIaaS 工具，尤其是用于客户服务。

- API（应用程序编程接口）

这些允许开发人员将即插即用技术插入应用程序，而不必自己创建所有代码。例如，将天气数据工具插入业务预测应用程序中。

● 机器学习框架和服务

有很多复杂的产品可以应用于更复杂的人工智能任务。这些解决方案可以是可定制的预构建框架和模型，您可以根据自己的需要进行调整，也可以是完全托管的机器学习服务。

AIaaS 的优缺点

AIaaS 的主要优点包括：

● **降低成本**

借助 AIaaS，您可以避免人工智能软件和硬件的初始投资和持续维护成本，更不用说雇用开发人员和数据科学家的成本。更重要的是，AIaaS 的成本是透明的，在许多产品中，您只需为使用的产品付费。

● **灵活性和可扩展性**

您可以很容易地扩大和缩小、调整您的人工智能的使用，以适应不断变化的业务需求。例如，您可以先在企业的一个领域中应用人工智能，然后再从那里扩展。

● **用户友好**

借助许多现成的 AIaaS 解决方案，您无须成为人工智能专家即可使用该工具。

AIaaS 的主要缺点包括：

● **数据安全**

如果您将自己的数据用于人工智能，则显然需要与第三方 AIaaS 供应商共享该数据。您需要确保数据传输的安全性，并确保供应商拥有完善的数据安全流程。此外，还要注意任何可能限制您使用 AIaaS 的数据安全和隐私规则（有关数据安全、隐私和伦理的更多信息，请参阅第 9 章）。

- **持续的成本**

是的，您不会有最初的投资，但您会有持续的 AIaaS 费用。快速将这些解决方案应用到企业的多个领域是很诱人的，然而这也意味着成本可能会迅速上升，所以要有针对性和战略性地使用人工智能，以确保成本（和结果）保持在正确的轨道上。请回到第 7 章了解更多关于“开发人工智能战略”的内容。

- **“黑箱”问题**

正如我们在第 9 章中看到的那样，人们并不总是很清楚人工智能是如何完成其工作的、您的 AIaaS 产品的可解释性如何，以及它是如何产生结果的。

- **对第三方的依赖**

当您依靠企业内部力量开发解决方案时，您可以掌控一切。而选择 AIaaS 产品，您实际上依赖于另一家公司来实现您的人工智能目标。如果您的 AIaaS 供应商切断了您的业务（尽管这不太可能）则会发生什么？或者如果服务中断后又会发生什么？

只有您才能权衡这些利弊，决定 AIaaS 是否适合您。例如，如果您使用人工智能的目的对公司的日常运营至关重要，并且是您的竞争优势的关键部分，那么您可以考虑建立自己的内部解决方案。或者，您可以从一个AIaaS 解决方案开始，然后随着人工智能活动的增长，您可以决定将这些功能引入企业内部。或者，您可能认为 AIaaS 的简单性和易用性大大超过了对组织的不利影响。

谁提供 AIaaS

在撰写本书时，一些最大的 AIaaS 提供商是那些您可能会想到的家喻户晓的名字：亚马逊、谷歌、IBM 和微软。它们中的大多数都能够提供全方位的 AIaaS 工具，从简单的聊天机器人到完全托管的机器学习服务。让我们依次简单做下介绍。

亚马逊网络服务（AMAZON WEB SERVICES，AWS）

亚马逊的云计算平台拥有许多人工智能工具，包括我在本章前面提到的“亚马逊预测（amazon forecast）”。另一个基于机器学习的 AWS 服务是“亚马逊个性化（amazon personalize）”，公司可以使用它开发网站、Apps 和其他为客户提供个性化推荐的解决方案，如定制的搜索结果，或者基于客户活动（页面浏览、购买、点击等）的产品推荐。在撰写本书时，Personalize 仅在某些地区可用，但未来将添加更多地区。

谷歌云（GOOGLE CLOUD）

谷歌平台具有多种“即插即用”机器学习产品，旨在鼓励实验并帮助开发人员将机器学习项目变为现实。谷歌还有 TensorFlow，这是一个用于构建机器学习工具的开源软件库。

IBM Watson 开发者云（IBM WATSON DEVELOPER CLOUD）

通过这个平台，公司可以在其应用程序中部署 IBM 的 Watson 智能，并将人工智能无缝地嵌入组织工作流中，可用的选项套件包括 Watson 助理（Watson Assistant）聊天机器人和虚拟助手技术，它们可让您将会话界面构建到应用程序和设备中。

MICROSOFT AZURE

微软通过 Azure 提供广泛的云服务，允许公司使用现成的工具和框架来构建、管理和部署各种应用程序。它的工具已部署到医疗、银行、零售和制造业等行业。

其他供应商

除了像亚马逊和微软这样家喻户晓的科技巨头外，还有专门针对特定领域的人工智能的供应商。例如，以其客户关系管理软件而闻名的 Salesforce，拥有一个名为 Einstein 的人工智能工具，该工具可以让公司将人工智能应用于客户数据。

中国和印度也在努力成为人工智能领域的领导者，您会发现中国和印度的技术公司都有令人印象深刻的云计算平台。例如，中国企业集团阿里巴巴就推出了阿里云（Alibaba Cloud），用以提供模型训练、模型预测和数据处理等机器学习服务；而中国互联网巨头腾讯也有自己的人工智能开放平台（AI Open Platform），它允许企业利用腾讯的人工智能实验室

（Tencent's AI Lab）的力量；来自于印度的 Wipro 则拥有其 HOLMES 人工智能和自动化平台。

行动中的 AIaaS：两家公司如何寻求 AIaaS 解决业务问题

为了说明什么是可能的，让我们来看几个公司利用 AIaaS 平台的真实案例。

巴西最大的银行之一，拥有 6500 万客户的 Bradesco 求助于 IBM Watson，以帮助它更快地回答客户的查询并提供更好、更个性化的服务。以前，当分支机构的员工对服务或产品有疑问时，他们必须致电银行的中央办公室，这通常会给等待答复的客户造成长时间的延误。在一个金融科技初创公司正在为争夺客户，特别是数字原生客户挑战现有组织的行业中，这种笨拙的做事方式不可能持久。

因此 Bradesco 求助于 Watson 以获得更快的答复。但是首先，Watson 必须学习葡萄牙语，并了解公司的银行产品和流程。在对 62 种不同产品的 10 000 个查询进行训练之后，Watson 在有限的分支机构中进行了测试，然后推广到巴西的所有 5 200 个分支机构。分支机构的工作人员无须致电总部并等待答复，而只需询问 Watson（以书面形式或通过口头查询）即可在几秒钟内得到答复。Watson 现在每月回答 283 000 个产品问题，准确率达 95%，这意味着只有 5%的查询需要进一步的人工帮助。[98]现在，员工可以更快地在分支机构内回答客户的查询，并投入更多的时间来提供优质的服务。

在其他地方，Wipro 的人工智能平台 HOLMES 帮助澳大利亚一家领先的保险公司发现了 98%的欺诈索赔，比该公司以前的欺诈检测系统提高了 40 倍。尤其是大量的误报意味着大量时间用于调查非欺诈案件，这延迟了为真正客户的保险付款。

凭借其自学习算法和理解模式的能力，HOLMES 能够改进公司基于欺诈检测规则的模型，提高评估保险索赔的准确性并准确预测欺诈索赔。[99]

充分利用 AIaaS 的三种方法

AIaaS 提供了一种绝佳的方式来使人工智能相对快速地启动和运行，不会因自己开发模型和基础设施而产生巨大的费用。但正如您从优缺点清单中所看到的，AIaaS 并非没有挑战。以下是三点建议，可帮助您充分利用 AIaaS：

- **培训团队有关人工智能和数据的知识**

您不需要让每个人都成为数据科学家和人工智能专家，但确实需要让人们意识到人工智能的优势、公司转向 AIaaS 的原因以及 AIaaS 如何帮助推动企业发展。团队将需要进行有关如何使用 AIaaS 系统的特定培训，但此外我还建议实施数据素养培训计划（回到第 8 章，了解更多关于提高数据素养和其他与人相关的问题）。

- **从小处做起，日积月累**

重要的是要实事求是，认识到人工智能不会在一夜之间改变您的企业，试图一次在企业的许多不同领域中采用人工智能是不可能成功的。因此，我建议从少量的关键人工智能用例（请参阅第 7 章）开始，然后逐步扩展。

- **测评结果，并在整个企业内大力宣传所取得的成功**

与任何新技术一样，您需要知道它对您有效并提供您需要的结果。根据您的战略目标（请参阅第 7 章），我建议您建立 KPI 报告系统，以帮助您评估 AIaaS 的影响。当人工智能提升了企业绩效时，一定要在整个企业中进行宣传，这将有助于促进企业对未来人工智能项目的认可。

关键要点

在本章中，我们了解到：

- 在考虑您的技术需求时，要考虑人工智能技术堆栈的四个层次：数据收集、数据存储、数据处理和分析、数据输出和报告。此外，您还需要考虑您所在行业或地区的其他特定因素，例如限制存储数据方式的法规。
- 确保同时考虑硬件和软件要求。如今专门设计了更多硬件来应对繁重的人工智能流程，研究人员正在竞相开发能够更好地应对人工智能需求增长的超级计算硬件。

- 人工智能即服务（AIaaS）正在向更多公司开放人工智能，您需要权衡利弊。但总的来说，对于不想或无法从头开始构建人工智能解决方案的企业来说，AIaaS 是一个不错的选择。

除了技术挑战外，人工智能还带来了许多领导力方面的挑战，从确保组织对人工智能方法的认可，到管理组织变革（包括提高自动化程度）。您将在下一章了解到有关领导力相关事项的更多内容。

12 智能革命中的领导力挑战

正如我们在第 8 章中看到的，工作场所正在发生变化。未来的组织将拥有更扁平的层级结构，业务边界将变得更具渗透性，不断创新将成为常态，工作场所将变得分散，伙伴关系将变得更加重要，并且会有更多的临时工岗位。因此，在这场智能革命中，企业领导者们需要适应这些变化。我们经营企业的方式将会改变，经营企业的人也需要掌握一套不同的技能。

从某种意义上说，整本书介绍的都是关于智能革命所带来的领导力挑战。确定如何使用人工智能、应对与人相关的挑战、避免人工智能的道德陷阱、确保您拥有合适的技术等，所有这些都是当今和未来企业领导者的关键考虑因素。我在本章中的目标不只是重复或总结这些挑战，更重要的是，要让企业领导者们看到所有这些挑战对于成为智能革命中的一个优秀领导者意味着什么。

首先，优秀的领导者不会忽视智能革命，也不会允许组织中的其他领导者忽视它（而阅读本书则是第一步）。以我的经验，领导团队敏锐地意识到即将发生巨大变化的公司，与那些领导者（有时是故意）无视数据和人工智能对其行业影响的公司之间存在着巨大的差距。第二阵营的企业领导者保守现状，他们将发现自己会在很短的时间内被超越并变得过时。

从战略角度应用人工智能

我花了很多时间与高层领导团队交谈，以帮助他们了解人工智能革命。领导者们普遍担心的是，他们对人工智能更精细的技术细节了解得不够深入。我的回答是：虽然您确实需要某种程度的理解，尤其是当涉及人工智能更广泛的影响以及如何使用人工智能时，但您不需要成为一个技术天才，才能够成为智能革命的一个优秀领导者，您的工作是确保战略性地应用这项技术。

从战略角度应用人工智能

正如我们在第 7 章中所看到的，这意味着确定如何在企业中最好地应用人工智能，是创建更智能的产品、更智能的服务、更智能的业务流程，还是将三者结合起来？人工智能和数据可以帮助解决哪些具体的企业挑战？如何推动企业的成功？您的职责是提出这些问题，并确保人工智能的实施方式对企业最有利。

不断反思和审查人工智能的战略应用也是您的职责。这可能包括：

- 寻找利用人工智能的新企业战略。
- 确定人工智能的新应用。
- 伴随智能革命的发展，重新构想商业模式。

我认为，这种反思过程必须持续进行，而不是作为年度审查的一部分

（这是正式修改和更新您的人工智能战略的补充，如第 7 章所述）。换句话说，作为一个领导者，人工智能不是您“做”了之后就可以束之高阁的事情。

确保人工智能在企业中拥有战略负责人

每一位领导者都应该对智能革命有一个像样的理解，但确保人工智能在公司中有一个战略负责人也是明智之举，这就是“首席智能官（chief intelligence officer，CIO）”这个角色极具价值之处。理想情况下，这一角色不仅局限于特定的业务部门，而且与首席数据官的角色完全不同。

首席智能官（或首席人工智能官）应充当人工智能/数据团队、领导团队和业务团队之间的桥梁，支持人工智能战略和实施。其职责可能包括：

- 帮助设定使用人工智能的总体愿景。
- 对公司员工进行人工智能的重要性教育。
- 建立必要的框架，以道德和负责任的方式使用人工智能。
- 建立适当的技能、能力和技术基础设施。
- 监督执行和交付。
- 在整个过程中管理利益相关者。

可以预计，这一角色在未来几年内将得到更大重视，这会促使所有行业的组织考虑设立自己的首席智能官角色。

带领人们渡过变革

除了确保战略性地采用人工智能外，成功的智能革命领导者还应善于管理人工智能的执行和管理变革。

让人工智能在您的组织中发挥作用——专注于部署，而不是开发

根据我的经验，许多企业之所以难以在任何实际规模上实施人工智能，是因为它们在开发人工智能上花费了太长的时间。这种方法在以前的工业革命中效果很好，但已不再适合于快速发展的智能革命。例如，如果您花费数年时间开发产品的人工智能增强版，那么到发布时就已经过时了。人工智能永远在改变商业的步伐，这意味着您的口号必须是部署，而不是开发，这意味着您要专注于推出人工智能（当然是以战略的方式），使其发挥作用，提供真正的商业利益，失败时就让它迅速失败，并从错误中快速学习。

因此，尽管开始时您可能只在企业的某一部分应用人工智能（而不是试图一次在整个企业中实现人工智能），但这并不意味着您承受得起停滞不前。您必须找到方法来扩大您的人工智能部署，将其建立在其他业务部门的成功之上，并从那些没有完全按照计划进行的事情中学习。如果您想成功地扩大您的人工智能活动，这个过程就必须持续进行下去。

记住，人仍然是您最重要的资产

作为领导者，您最重要的工作是领导他人，智能革命不会改变这一点。

人工智能将对劳动力产生深远的影响，并将改变全世界许多人的工作性质。领导者必须通过以下方式正面应对这一问题。

- **关注人，而不是技术**

即使在智能革命中，领导者也不能忘记，人仍然是而且将继续是企业最重要的资产。优秀的领导者永远不会忽视人类增加价值的方式（通过创造力、解决问题、同理心等）。

- **与人们讨论人工智能和数据的重要性**

组织中的每个人都必须明白，人工智能是企业的重中之重，而数据是推动人工智能发展的动力，因此，数据是一项战略业务资产。在智能革命中，有效和合乎道德地保护和使用数据是每个人的责任，称职的领导者每天都要为此树立榜样。

- **持续讨论人工智能对人们工作的影响**

优秀的领导者不会试图掩盖或淡化人工智能的影响，而是会与员工就即将到来的变革进行明智、开放的对话。

- **在组织的人工智能之旅中积极带领人们一起前进**

优秀的领导者将会确保整个企业对人工智能的认可，并确保每个人都了解人工智能如何使公司、客户和员工受益。

- **拥抱人机协作**

所有企业都需要找到最适合人类的角色/功能和最适合机器的角色/功能之间的最佳结合点。在智能革命中，优秀的领导者将了解如何调整工作流程，使人和机器都发挥最佳作用。

- **投资培训和发展**

好的领导者会让他们的员工为新的现实做好准备，并确保他们拥有在智能革命中所需要的技能，这包括提高人们的数据素养、帮助他们获得新的技术技能，以及促进其关键软技能的发展。

非个性化的决策

您可能听说过“HiPPO 效应（最高收入者的意见）”，即团队在做决定时会听从房间里收入最高的人的意见，而不是依赖硬数据和证据。一旦 HiPPO 开口说话，其他人可能会害怕挑战他们的观点或害怕提供另一种前进的方式。

即使随着大数据的发展，HiPPO 效应在某些组织中仍然存在。然而，在这场智能革命中，依靠当今可用数据的数量和质量以及机器的预测能力，再听从房间内 HiPPO 的意见则是一种糟糕的商业实践。值得庆幸的是，数据和人工智能将有助于组织决策的民主化和非个人化。尽管本能、直觉和经验总会有一席之地，但在这场智能革命中，决策将主要基于数据。

因此，优秀的领导者会寻找支持决策的数据，但这并不意味着盲目地跟随数据而牺牲批判性思维（请参阅第 9 章，自动化偏差和黑箱问题）。领导者应该邀请人们发表不同意见，鼓励人们挑战公认的智慧，敦促他们质疑决策所依据的数据，并建立一支对人工智能系统如何做出决策而进行批判性思考的员工队伍。

未来成功的领导者是什么样子

我在本书中多次提到，独特的人类技能（如创造力）在人工智能时代将变得越来越重要。人类领导技能的作用也将如此，但是很有可能未来成功的领导者将拥有与传统领导技能略有不同的技能。

我认为，成功的智能革命领导者需要培养以下技能：

- **敏捷性**

领导者必须能够拥抱和庆祝变革，并将变革视为成长和创新的机会，而不是一种负担，包括拥抱新技术。

- **情商**

因为，如果我们期望未来的工作场所优先考虑人类的技能，如情商和同理心，那么显然，领导者必须树立这些行为的榜样。

- **文化智力**

未来的工作场所将比现在更加多样化和全球化，有效的领导者要能够欣赏和利用每个人带来的差异。

- **谦逊（或者说谦逊与自信之间的平衡）**

智能革命的领导者将把自己视为促进者和合作者，而不是成功的关键环节，换句话说，他们会鼓励别人发光发亮。

- **负责**

随着工作场所变得更加透明和协作（通过扁平化的组织结构、伙伴式

工作关系等），领导者需要变得更加透明并对自己负责，他们的行动必须与公司的目标明确一致。

- **愿景**

为了理解人工智能对企业及其所有利益相关者的影响，智能革命中的领导者需要这种视野宽广的愿景。牢记这一点，然后由领导者决定如何有效地满足所有利益相关者的需求。

- **勇气**

我们仅触及了人工智能所能做的皮毛，因此领导者需要具备面对未知的勇气、快速失败的勇气，以及在形势需要新战略时去改变方向的勇气。作为其中的一部分，他们还需要有勇气去发现自己的弱点，并愿意接受指导和学习。

- **直觉**

没错，数据驱动的决策是未来的发展方向，但领导者仍需要独特的人类直觉技能，也就是能够“读懂”未被说出的内容。

- **真诚**

智能革命的领导者需要能够建立信任，尤其是在不确定、变革或失败时期，这就要求领导者要表现出真诚。

- **聚焦**

最后，在跟随快速变化的步伐和不断调整以适应需要的同时，未来的领导者将需要像激光一样专注于组织的目标，他们需要能够穿越混乱和炒作，来确定什么才是真正重要的。

关键要点

在本章中，我们了解到：

- 智能革命带来了许多挑战，这些挑战将改变成为一名优秀领导者的含义。重要领导者不会忽视智能革命，也不会允许该组织的其他领导者忽视它。
- 领导者必须确保以一种有助于组织实现其核心商业目标的战略方式应用人工智能，这将要求领导者不断地反思和评审人工智能在企业中的应用。
- 考虑引入首席智能官的角色，用以充当企业内部人工智能的战略捍卫者。
- 要成功实施人工智能，领导者需要：
  - 专注于部署，而不是开发。
  - 请记住，人是任何企业里最重要的资产。
  - 提防 HiPPO 效应，决策必须是非个人化的，并且要基于数据。
- 在智能革命中，人类的领导力同样重要，甚至更重要。但未来我们所推崇的关键领导技能可能与传统的领导技能非常不同。更柔和、更人性化的技能，如谦逊、真诚和情商，将变得更加重要。

对未来领导者的研究将把我们带到了本书的最后一章。在下一章中，我将对未来进行一番展望，看看人工智能将如何帮助我们克服人类面临的最大挑战。

13 展望未来

我们才刚刚开始这场智能革命，但进展迅速，且每年都有惊人的突破。在过去的几年里，我认为有生之年永远看不到的事情已经实现了——作为一个在技术领域工作的人，这是我的真实感受。当然，这不仅是人工智能的结果。人工智能是技术趋势“完美风暴”的一部分，在这场风暴中，人工智能既推动着其他数字化创新，又受到它们的影响。[100]以人工智能和物联网之间的联系为例，两者都在推动对方的快速发展。由于这场完美的创新风暴，我们尚无法想象人工智能会影响我们生活的所有方式。

我们所知道的是，随着时间的推移，人工智能将成为我们习以为常的东西，就像我们将互联网和移动设备等先进技术无缝融入日常生活中一样。我敢肯定，总有一天，年轻一代无法相信人们没有智能机器就长大了！当我们展望那个时代时希望看到什么样的未来？是一个人工智能正向改变了的世界，还是一个无休止地以卑鄙的、令人不寒而栗的方式使用人工智能的世界？展望未来，我们有责任利用智能革命来打造所有人都希望生活的世界，我相信企业在其中扮演着至关重要的角色。

它是人类有史以来最大的机会吗

智能革命为我们提供了一个巨大的机会，一方面，可以使我们的世界变得更加美好，并能够用来应对一些最紧迫的挑战，这甚至可能是我们有史以来最大的机会；但另一方面，利用和滥用这项技术的空间也很大。

企业正在突破人工智能的边界，因此，企业应该在负责任地使用人工智能方面起到带头作用，组织的领导者必须在这个环节审视自己的良知。我们事实上只想利用这种不可思议的技术来卖更多的东西，赚更多的钱不是吗？为什么不使用人工智能解决那些对利益相关者真正重要的问题呢？诸如为客户的生活增添真正的价值，使员工的工作生活更加美好，解决问题，交付积极成果等（令人高兴的是，所有这些因素都有助于使企业更有价值）。

在企业领先的地方，我希望政府能够效仿，因为人工智能不可避免地会变得越来越政治化。与企业一样，政府有机会利用人工智能改善他们服务的人类生活，或者用来控制他们。

随着人工智能在更广泛的社会中被采用，人们对这项技术的信任就显得非常重要。在某种程度上，这种信任将通过加强监管、数据保护以及提高人工智能系统如何做出决策的透明度而得到帮助。但是，信任人工智能很大程度上取决于我们每天与之互动的组织如何使用人工智能（政府或私人组织），这包括收集哪些数据、如何使用这些数据、这些数据是否有偏见等方面的透明度。如果我们不想建立一个将人工智能视为黑暗、邪恶和阴暗力量的未来世界，那么我们现在对人工智能所做的一切都至关重要。

 作为向善力量的人工智能

也许这听起来像是一厢情愿的想法，在未来人工智能帮助我们解决一些人类最大的问题。然而这不应该是一厢情愿的想法，实际上，有很多实例将人工智能用作向善的力量。

- **应对气候变化**

从创建更智能、更节能的建筑到监测森林砍伐等环境问题，可以通过多种方式部署人工智能以帮助应对气候变化。一个案例是，来自蒙特利尔学习算法研究所的研究人员与微软和 ConscientAI 合作，创建了一种人工智能工具，该工具可以模拟海平面上升和猛烈的风暴对人们房屋的影响。他们计划发布一款 App，旨在向人们展示根据不同的气候变化结果，其房屋和社区的未来状况。

- **消除饥饿**

随着人口的不断增长，我们需要变得更聪明、更好地生产粮食。来自蓝河科技公司（Blue River Technology）的莴苣机器人（Lettuce Bot）可以帮助种植者更有效地施用除草剂——只杀死杂草而不是农作物。通过对 5 000 株幼小植物的图片学习，该系统能够区分杂草和幼小植物。当它识

别出一种杂草时，就会直接喷洒，而不会污染附近的其他植物，这有助于减少高达 90%的植物损失。

- **消除不平等和歧视**

人工智能正以多种创新方式投入使用，以增加平等的机会。例如，谷歌的瞭望 App（Lookout）可以帮助视力受损的人识别周围的物体。又如，文本人工智能工具（Textio）能够帮助招聘人员创建更具包容性的职位说明，软件公司 Atlassian 通过使用这一工具，使其两年内女性技术毕业生的招聘比例从 10%上升到 57%。[101]

- **扫除文盲**

由于贫穷和文盲之间有着明显的联系，因而扫盲是社会面临的一个巨大挑战。IBM 开发了一款名为 Simpler Voice 的应用程序，它使用 Watson 的自然语言处理功能将文本转换为简单的口头消息。[102]从公共标志到教科书，该应用程序正在帮助识字率低的成人和儿童获取和理解信息。另一个很伟大的案例是，华为开发了一款 StorySign 应用程序，通过将书本上的文字翻译成手语，来帮助聋儿学习阅读，这款手机 App 是免费的。

- **阻止谣言和假新闻的传播**

在第 9 章中我围绕虚假内容谈了很多。很明显，虽然人工智能使人们能够制造出令人担忧的使人相信的假新闻，但它也是我们对付这个问题的最好武器。例如，假新闻挑战（fake news challenge）正在探索如何利用人工智能自动判断新闻是真实的，还是骗局。

- **建立适应力**

有几个项目正在探索如何利用人工智能使基础设施和社区在面对灾难时更具适应力。例如，南加州大学人工智能社会中心的一个团队正在与洛杉矶市的官员合作，为老龄化、脆弱易爆管的自来水管寻找技术解决方案。他们的目标是确定并改进最具战略意义的管道，以确保在发生地震时，自来水仍然能够保持流动供给。[103]

 需要一些大的改变

您可能已经看出，这是使我特别兴奋的人工智能领域——使用人工智能创造一个每个人都可以发挥最大潜能的未来，我的孩子，您的孩子，每个人的孩子。

建立这样的世界并非易事，难免会有牺牲和挑战，同时需要进行一些深刻的变革。以人类工作自动化为例，当然，这是一个情绪化的、令人担忧的问题。但是，如果我们对自己真的很诚实，那些很容易实现自动化的工作真的是应该分配给人类的工作吗？如果我们要创造一个更公平、更可持续的未来，当然不希望在这个世界上有些人在做重复的、单调的，甚至危险的工作，这些工作原本是可以交给机器做的。如果要创造更光明的未来，意味着要替换一些人类工作，那么这就是我们必须要进行的变革之一。

人工智能有潜力使我们从参与度较低的工作中解放出来，从而有宝贵的时间来做更多对我们重要的事情——更多的时间陪伴孩子、照顾年迈的父母、享受艺术和爱好、与社区互动……以及我们想做但一直都没有时间去做的事情。

也许我们需要重新考虑工作的本质才能做到这一点。例如，许多公司开始接受“四天工作制”的概念，即员工挣相同的钱，但工作天数减少。在工作变得更加人性化、更具创造力和更有价值的未来，这种政策可能会成为一种规范。

作为人类社会，我们甚至需要重新评估对我们来说什么才是重要的事情，以及什么才是我们引以为豪的事情。随着工作世界的变化，我们满怀希望地开始珍视并追求谋生以外的状态，超越每周工作多少小时或挣多少钱的生活。人工智能可以帮助我们创造一个使照料父母与带薪工作一样有价值的未来吗？但愿如此，我希望人工智能将使我们更加人性化。

当然，人工智能也可以反向发挥作用。人工智能可以扩大经济差距、加速气候变化，使一些社会阶层陷入更深的贫困，在富人和穷人之间制造一个我们永远无法弥合的鸿沟。为了避免这种情况，我们现在需要朝着正确的方向采取措施（首先，我建议您查阅联合国可持续发展目标，这些目标旨在解决已经提到的一些问题，包括不平等、贫困和气候变化，以创造更好、更可持续的未来）。

为了建设这个光明的未来，智能革命就要正向地为人类和我们的社会服务：

- 组织需要认识到并重视人类的贡献，要记住人仍然是公司最大的资产。
- 组织也需要确保他们以道德、负责和安全的方式使用人工智能（请参阅第 9 章），我们将看到会有更多的法规来帮助指导这一点。
- 技术本身必须加快步伐，以便为人工智能的某些特定问题提供解决方案，例如数据安全、黑箱问题（或解释性缺乏问题）以及对个人隐私的威胁。新的工具，如同态加密（Homomorphic Encryption）（请参阅第 10 章）将有助于解决这些问题。
- 在社会层面上，我们需要认真反思什么才是最重要的、我们珍视什么、如何奖赏我们所珍视的。重新分配收入或创造普遍的基本收入为此提供了一些解决方案（有趣的是，比尔·盖茨提议机器人缴纳所得税，这有助于支付那些因自动化而失业的人的再培训费用）。
- 我们都需要扪心自问："人工智能可以为我们提供什么服务并使我们的生活更加美好？"如果人工智能的使用不能为我们提供服务或使我们的生活变得更好，我们就真的不应该使用人工智能。

最终，我们面临着一个巨大的机会，一个使用有史以来最强大的技术所带来的真正的不同的机会，这是我们的选择、责任和特权。

保持联系

如果您想继续了解智能革命，或更进一步参与对话活动，那么让我们建立联系。我活跃在以下平台上，它们都提供了不同方式来分享内容和讨论这个令人兴奋的主题：

- **LinkedIn:** Bernard Marr
- **Twitter:** @bernardmarr
- **YouTube:** Bernard Marr
- **Instagram:** @bernardmarr
- **Facebook:** facebook.com/BernardWMarr

您也可以访问我的网站（www.bernardmarr.com），以获取更多内容，并有机会参加每周的时事通讯，我会在其中分享所有最新信息。

我经常为《福布斯》撰稿，我总是在为我的专栏寻找新的案例、成功的故事和主题。如果您有什么想让我分享或探索的事情，请告诉我。最后，如果您认为我可以帮助您或您的企业充分利用智能革命，那就请与我联系吧。

附　　录

1. **与战略目标相联系**
   该人工智能用例所支持的战略性企业目标是什么？
2. **目标**
   这个人工智能用例的目标是什么？
3. **衡量成功（KPIs）**
   如何衡量成功？该计划将影响哪些企业指标？关键结果是什么？
4. **用例负责人**
   谁是这个用例的主人或负责人？
5. **人工智能方法和需要的数据**
   您计划使用哪种人工智能方法，以及需要哪些数据？
6. **伦理和法律问题**
   有没有与本用例有关的伦理或法律问题（隐私、GDPR、偏见）

图 T-1　人工智能用例模板

7. **技术和基础设施**

   有哪些技术和基础设施方面的挑战和要求？

8. **技能和能力**

   有哪些技能、能力、产能和资源方面的挑战？

9. **实施**

   有哪些实施方面的挑战？谁将负责交付项目？（企业内部部门、外包、混合、合作伙伴）

10. **变革管理**

    哪些员工将会受到本项目的影响？如何管理变革？

其他注意事项

图 T-1　人工智能用例模板（续）

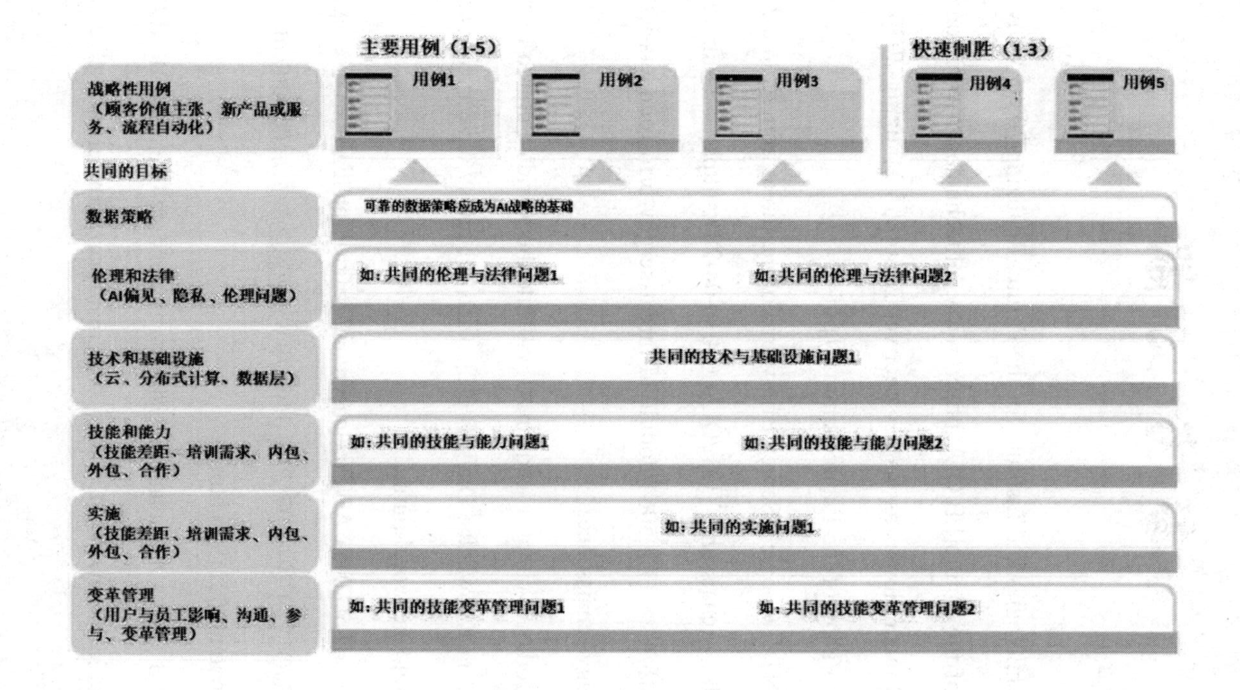
主要用例（1-5）
快速制胜（1-3）
战略性用例
（顾客价值主张、新产品或服务、流程自动化）
用例1
用例2
用例3
用例4
用例5
共同的目标
数据策略
可靠的数据策略应成为AI战略的基础
伦理和法律
（AI偏见、隐私、伦理问题）
如：共同的伦理与法律问题1
如：共同的伦理与法律问题2
技术和基础设施
（云、分布式计算、数据层）
共同的技术与基础设施问题1
技能和能力
（技能差距、培训需求、内包、外包、合作）
如：共同的技能与能力问题1
如：共同的技能与能力问题2
实施
（技能差距、培训需求、内包、外包、合作）
如：共同的实施问题1
变革管理
（用户与员工影响、沟通、参与、变革管理）
如：共同的技能变革管理问题1
如：共同的技能变革管理问题2

图 T-2　人工智战略模板

参 考 文 献

[1] Dell Technologies and Institute for the Future. Realizing 2030: A Divided Vision of the Future[EB/OL]. https://www.delltechnologies.com/content/dam/delltechnologies/assets/perspectives/2030/pdf/Realizing-2030-A-Divided-Vision-of-the-Future-Summary.pdf.

[2] VINCENT J. Google's Sergey Brin warns of the threat from AI in today's 'technology renaissance'[EB /OL].（2018-04-28）. https://www.theverge.com/2018/4/28/17295064/google-ai-threat-sergey-brin-founders-letter-technology-renaissance.

[3] Russia Today. 'Whoever leads in AI will rule the world': Putin to Russian children on Knowledge Day[EB/OL].（2017）. https://www.rt.com/news/401731-ai-rule-world-putin/.

[4] State Council of China. A Next Generation Artificial Intelligence Development Plan[EB /OL] .（2017-07-20）. http://www.gov.cn/ zhengce/content/2017-07/20/content_5211996.htm.

[5] MARR B. Press Association: Using artificial intelligence and NLG to automate local news[EB/OL]. https://bernardmarr.com/default.asp? content ID =1273.

[6] VINCENT J. The first AI-generated textbook shows what robot writers are actually good at.[EB /OL].（2019-04-10）. https://www.theverge.com/2019/4/10/18304558/ai-writing-academicresearch-book-springer-nature-artificial-intelligence.

[7] SAS. Computer vision: what it is and why it matters[EB /OL]. https://www.sas.com/en_us/insights/analytics/computer-vision.html.

[8] COLE S. 'Deep Voice' software can clone anyone's voice with just 3.7 seconds of audio[EB /OL].（2018）. https://www.vice.com/en/article/3k7mgn/baidu-deep-voice-software-can-clone-anyones-voice-with-just-37-seconds-of-audio.

[9] Maritime Executive. Sulfur-sniffing drone to patrol Danish waters [EB/OL].（2019）. https://www.maritime-executive.com/article/sulfur-sniffing-drone-to-patrol-danish-waters.

[10] IBM. Using AI to create new fragrances[EB /OL].（2018-10）. https://www. ibm.com/blogs/research/2018/10/ai-fragrances/.

[11] Billboard Japan. New opera starring humanoid robot alter 3 in the works for Tokyo Theatre[EB /OL].（2019-03-22）. https://www.billboard.com/articles/news/international/8503764/new-opera-humanoid-robot-alter-3-tokyo-japan.

[12] ROBITZSKI D.AI trained on decades of food research is making brand-

new foods. Futurism[EB /OL].（2019）. https://futurism.com/ai-food-research-better-recipes.

[13] KOEBLER J. Computers can read emotions better than you can[EB /OL].（2014）. https://www.vice.com/en_us/article/gvyqw3/computers-can-read-emotions-better-thanyou-can.

[14] Affectiva Automotive AI for driver monitoring systems [EB /OL]. https://www.affectiva.com/product/affectiva-automotive-ai/.

[15] Apple Support. Taking an ECG with the ECG app on Apple Watch Series 4, Series 5, Series 6[EB/OL]. https://support.apple.com/en-us/HT208955.

[16] KRAFT D. 12 innovations that will revolutionize the future of medicine [J/OL]. Nationalgeographic,（2019-01-12）. https://www.nationalgeographic.com/magazine/2019/01/12-innovations-technology-revolutionize-future-medicine/.

[17] MARR B. Infervision: Using AI and deep learning to diagnose cancer [EB/OL]. https://www.bernardmarr.com/default.asp?contentID=1269.

[18] GARTENBERG C. How Apple makes billions of dollars selling services[EB/OL].（2019-03-20）https://www.theverge.com/ 2019/3/20/18273179/apple-icloud-itunes-app-store-musicservices-businesses.

[19] BRIDGE M. Google files patent for ‘smart nappy’[N/OL].The Times,（2018）.https://www.thetimes.co.uk/article/google-files-patent-for-smart-

nappy-kjsns0f38.

[20] Adidas. Adidas deploys Speedfactory technology at Asian suppliers by end of 2019[EB /OL].（2019）. https://www.adidas-group.com/en/media/news-archive/press-releases/2019/adidas-deploys-speedfactory-technology-at-asian-suppliers-by-end-2019/.

[21] Utility Week. Smart thermostats now in 1.5 million homes[EB/OL]. https://utilityweek.co.uk/smart-thermostats-now-in-1-5-million-homes/.

[22] iToilet. iToilet project description and results[EB/OL]. http://www.aat.tuwien.ac.at/itoilet/.

[23] Beam Dental. Dental PPO plans with a twist[EB/OL]. https://beam.dental.

[24] HAWKINS A. It's Elon Musk vs everyone else in the race for fully driverless cars. [EB/OL]. The Verge,（2019-04-24）. https://www. theverge.com/2019/4/24/18512580/elon-musk-tesla-driverlesscars-lidar-simulation-waymo.

[25] HOLMES J. Volvo promises self-driving 2021 XC90 you can nap in[EB/OL].（2018）. https://www.cnet.com/roadshow/news/2021-volvo-xc90-autonomous-level-4/.

[26] Mashable. This ebike uses artificial intelligence for a smarter, less distracted ride-Future Blink[EB/ OL].（2019）. https://mashable.com/video/ebike-

artificial-intelligence/?europe=true.

[27] MOON M.Dubai tests a passenger drone for its flying taxi service. [EB/OL]. Engadget, （2017-09-26）. https://www.engadget.com/2017/09/ 26/dubai-volocopter-passenger-drone-test/.

[28] Aerospace Technology. Despite safety concerns drone taxi service will soon become a reality [EB/ OL].（2019）. https://www.aerospace-technology.com/comment/drone-innovation/.

[29] Rolls-Royce. Rolls-Royce and Finferries demonstrate world's first fully autonomous ferry[EB/OL].（2018-03-12）.https://www.rolls-royce.com/media/press-releases/2018/03-12-2018-rr-and-finferries-demonstrate-worlds-first-fully-autonomous-ferry.aspx.

[30] CHTALIA R, TESSIER C.A guide to lethal autonomous weapons systems [EB/OL].（2018）. https://news.cnrs.fr/opinions/a-guide-to-lethal-autonomous- weapons-systems.

[31] LIPTAK A. The US Air Force's jet-powered robotic wingman is like something out of a video game [EB/OL].（2019-03-09）. https://www.theverge.com/2019/3/9/18255358/us-air-forcexq58-a-valkyrie-prototype-robotic-loyal-wingman-drone-successful-test-flight.

[32] SULLIVAN M. Google says the new Google Glass gives workers 'superpowers' [EB/OL]. Fast Company,（2019）. https://www.

fastcompany.com/90352249/google-says-the-new-googleglass-gives-workers-superpowers.

[33] WALKER J. Machine learning in manufacturing-present and future use-cases[EB/OL]. （2019）. https://emerj.com/ai-sector-overviews/machine-learning-in-manufacturing/.

[34] O'HEARS. Hypersurfaces turns any surface into a user interface using vibration sensors and AI[EB/OL].（2018-11-20）. https://techcrunch.com/2018/11/20/hypersurfaces/.

[35] Catapult .1999-Present: A history of elite wearable technology in team sport[EB/OL]. （2019）. https://www.catapultsports.com/blog/history-elite-wearable-technology.

[36] Business Today. TikTok overtakes Facebook as most downloaded app [EB/OL].（2019）. https://www.businesstoday.in/latest/trends/tiktok-most-downloaded-app/story/346435.html.

[37] BYFORD S. TikTok owner ByteDance is now the world's most valuable startup[EB/OL]. （2018-10-26）. https://www.theverge.com/2018/10/26/18026250/bytedance-china-tiktokvaluation-highest-toutiao.

[38] ETHERINGTON D.Toyota partners with Getaround on car-sharing[EB/OL]. Tech Crunch,（2016-10-31）.（https://techcrunch.com/2016/10/31/toyota-partners-with-getaround-on-car-sharing/.

[39] MCCASKILL S.Formula E lets fans race drivers in real time with new mobile game[J/OL]. Forbes,（2019-04-30）. https://www.forbes.com/sites/stevemccaskill/2019/04/30/formula-e-lets-fans-race-drivers-in-real-time-with-new-mobile-game/#a4320c6301ba.

[40] Martin.How much time do we spend in meetings (Hint: it's scary) [EB/OL]. Cleverism,（2019）. https://www.cleverism.com/time-spent-in-meetings/.

[41] Martin.How much time do we spend in meetings (Hint: it's scary) [EB/OL]. Cleverism,（2019）. https://www.cleverism.com/time-spent-in-meetings/.

[42] GUPTA S. AI-based market research: 10 ways to boost consumer insight [EB/OL].（2019）. https://dzone.com/articles/ai-based-market-research-10-ways-to-boost-consumer.

[43] HANSON E. From analog ideas to digital dreams, Philippe Starck designs the future with AI[EB/OL].（2019）. https://www.autodesk.com/redshift/philippe-starck-designs/.

[44] GRUSH L. AI software helped NASA dream up this spider-like interplanetary lander[EB/OL].（2018-11-13）. https://www.theverge.com/2018/11/13/18091448/nasa-ai-autodeskjpl-lander-europa-enceladus-artificial-intelligence-generative-design.

[45] DHANDRE P. Alibaba introduces AI copywriter, Packet[EB/OL].（2018）. https://hub.packtpub.com/alibaba-introduces-ai-copywriter/.

[46] MARR B. Artificial intelligence can now write amazing content – what does that mean for humans? [J/OL]. Forbes,（2019-03-29）. https://www.forbes.com/sites/bernardmarr/2019/03/29/artificial-intelligence-can-now-write-amazing-content-what-does-that-mean-for-humans/#969c03750ab0.

[47] MOON M. Robots will build robots in $150 million Chinese factory [EB/OL].（2018-10-27）. https://www.engadget.com/2018/10/27/abb-robotics-factory-china/.

[48] MARR B. ServiceMax: How the Internet of Things (IoT) and predictive maintenance are redefining the field service industry[EB/OL]. https://www.bernardmarr.com/default.asp?contentID=1268.

[49] CB Insights. Massive cargo ships are going autonomous[EB /OL].（2018）. https://www.cbinsights.com/research/autonomous-shipping-trends/.

[50] CB Insights. Massive cargo ships are going autonomous[EB /OL].（2018）. https://www.cbinsights.com/research/autonomous-shipping-trends/.

[51] VINCENT J. Ford’s vision for package delivery is a robot that folds up into the back of a self-driving car[EB /OL].（2019-05-22）. https:// www.theverge.com/2019/5/22/18635439/robotpackage-delivery-ford-agility-robotics-autonomous-digit.

[52] Ecommerce News. German ecommerce company Otto uses AI to reduce returns[EB /OL].（2017）. https://ecommercenews.eu/german-ecommerce-company-otto-uses-ai-reduce-returns/.

[53] Health and Safety Executive. Workplace fatal injuries in Great Britain, 2019 [EB /OL].（2019）. https://www.hse.gov.uk/statistics/pdf/ fatalinjuries.pdf.

[54] Shell. Shell Recharge Plus: Managed smart charging for electric vehicles [EB/OL]. https://www.shell.us/business-customers/shellrechargeplus.html.

[55] The week in energy: AI and oil[N /OL]. Financial Times, https://www.ft.com/content/d67962d8-c0d8-11e8-95b1-d36dfef1b89a.

[56] CHENG A. Alibaba vs The World[J /OL]. Institutional Investor,（2017）. https://www.institutionalinvestor.com/article/b1505pjf8xsy75/alibaba-vs-the-world.

[57] BYFORD S. How China's ByteDance became the world's most valuable startup[EB /OL].（2018-11-30）. https://www.theverge.com/2018/11/30/18107732/bytedance-valuation-tiktokchina-startup.

[58] NELSON A. Wimbledon to launch in-house host broadcaster[EB/OL].（2017）.https://www.sportspromedia.com/news/wimbledon-to-launch-in-house-host-broadcaster.

[59] GRYNKIEWICZ T. A billion dollar bet on the future: Fintech Investment Leader BBVA just showed how to deal with Amazon and Google

[EB/OL].（2018）. https://www.netguru.com/blog/fintech-investment-bbva-amazon-and-google .

[60] Forrester Research .The Forrester banking wave: global mobile apps summary[EB /OL].（2018）. https://www.forrester.com/report/The+Forrester+Banking+Wave+Global+Mobile+Apps+Summary+2018/-/E-RES144696.

[61] PricewaterhouseCoopers. How will automation impact jobs? [EB/OL]. https://www.pwc.co.uk/services/economics-policy/insights/the-impact-of-automation-on-jobs.html.

[62] FINGAS J. A digital 'dress' sold for $9,500[EB/OL].（2019-05-27）. https://www.engadget.com/2019/05/27/fabricant-blockchain-digital-dress/.

[63] MARR B. Instead of destroying jobs artificial intelligence (AI) is creating new jobs in 4 out of 5 companies[EB/OL]. https://bernardmarr.com/default. asp?contentID=1194.

[64] VOLINI E et al. From jobs to superjobs: 2019 Global Human Capital Trends[EB/OL].（2019）. https://www2.deloitte.com/us/en/insights/focus/human-capital-trends/2019/impact-of-ai-turning-jobs-into-superjobs.html.

[65] PricewaterhouseCoopers . A decade of digital: keeping pace with technology [EB/OL].（2017）. https://www.pwc.co.uk/consulting/assets/documents/

global-2017-digital-iq-report.pdf.

[66] WHITTLE S. The top five internal security threats[EB/OL].（2001）. https://www.zdnet.com/article/the-top-five-internal-security-threats/.

[67] SOMERS M. Your acquired hires are leaving. Here’s why[EB/OL]. MIT Sloan School,（2019）. https://mitsloan.mit.edu/ideas-made-to-matter/your-acquired-hires-are-leaving-heres-why.

[68] Dell Technologies and Institute for the Future. The next era of human-machine partnerships[EB/OL].（2017）. https://www.delltechnologies.com/content/dam/delltechnologies/assets/perspectives/2030/pdf/SR1940_IFTFforDellTechnologies_Human-Machine_070517_readerhigh-res.pdf.

[69] NAVE G, et al. Musical preferences predict personality: evidence from active listening and Facebook likes[J/OL]. Psychological Science,（2018）. https://journals.sagepub.com/doi/abs/10.1177/0956797618761 659.

[70] KOSINSKI M, STILLWELL D, GRAEPEL T. Private traits and attributes are predictable from digital records of human behaviour[J/OL]. Proceedings of the National Academy of Sciences of the United States of America,（2013）. https://www.pnas.org/content/110/15/5802.full.

[71] Pax. State of AI: Artificial intelligence, the military, and increasingly autonomous weapons[EB/OL].http://www.reprogrammingwar.org/.

[72] Future of Life Institute. Autonomous weapons: An open letter from AI & robotics researchers[EB/OL].（2015）. https://futureoflife.org/open-letter-autonomous-weapons/.

[73] VINCENT J. AI deepfakes are now as simple as typing whatever you want your subject to say[EB/OL].（2019-06-10）. https://www.theverge.com/2019/6/10/18659432/deepfake-aifakes-tech-edit-video-by-typing-new-words.

[74] PANETTA K. Gartner top strategic predictions for 2018 and beyond[EB/OL].（2017）. https://www.gartner.com/smarterwithgartner/gartner-top-strategic-predictions- for-2018-and-beyond/.

[75] ROBITZSKI D. New AI generates horrifyingly plausible fake news[EB/OL].（2019）. https://futurism.com/ai-generates-fake-news.

[76] CNN Money. 5 data breaches: From embarrassing to deadly[EB/OL].（2010）. https://money.cnn.com/galleries/2010/technology/1012/gallery.5_data _breaches/3.html.

[77] KRAVETS D. Judge approves $9.5 million Facebook ‘Beacon’ Accord [EB/OL].（2010）. https://www.wired.com/2010/03/facebook-beacon-2/.

[78] SAMUEL S. Facebook will finally ask permission before using facial recognition technology on you[EB/OL].（2019-09-04）. https://www.vox.com/future-perfect/2019/9/4/20849307/facebook-facial-recognition-

privacy-zuckerberg.

[79] LECHER C. Facebook could pay billions after losing facial recognition privacy appeal[EB/OL].（2019）. https://www.theverge.com/2019/8/8/20792326/facebook-facialrecognition-appeals-decision-damages-payment-court.

[80] EHRENKRANZ M. Another U.S. city moved to ban facial recognition, citing threats to free speech and civil rights[EB/OL].（2019）. https://gizmodo.com/fourth-u-s-city-bans-facialrecognition-citing-threat-1836858623.

[81] CHRISTIAN J. A New Amazon camera patent is straight out of “1984” [EB/OL]. Futurism,（2018）. https://futurism.com/new-amazon-patent-1984.

[82] LOMAS N. Amazon quietly adds ‘no human review’ option to Alexa settings as voice AIs face privacy scrutiny [EB/OL].（2019-08-03）. https://techcrunch.com/2019/08/03/amazon-quietly-adds-no-human-review-option-to-alexa-as-voice-ais-face-privacy-scrutiny/.

[83] KNIGHT W. The dark secret at the heart of AI[J/OL]. Technology Review,（2017）. https://www.technologyreview.com/s/604087/the-dark-secret-at-the-heart-of-ai/.

[84] LARSON J, et al. How we analyzed the COMPAS recidivism algorithm

[EB/OL].（2016）. https://www.propublica.org/article/how-we-analyzed-the-compas-recidivism-algorithm.

[85] TAULLI T. How bias distorts AI[J/OL]. Forbes,（2019）. https://www.forbes.com/sites/tomtaulli/2019/08/04/bias-the-silent-killer-of-ai-artificial-intelligence/#260abf2e7d87 (archived at https://perma.cc/V5AU-WEKP).

[86] VANJANI K. The rise of artificial intelligence comes with rising needs for power[EB/OL].（2019）. https://www.marketwatch.com/story/the-rise-of-artificial-intelligencecomes-with-rising-needs-for-power-2019-08-21.

[87] OpenAI. AI and Compute[EB/OL].（2018）. https://openai.com/blog/ai-and-compute/.

[88] NIST. U.S. leadership in AI[EB/OL].（2019）. https://www.nist.gov/system/files/documents/2019/08/10/ai_standards_fedengagement_plan_9aug2019.pdf.

[89] European Commission. Ethics guidelines for trustworthy AI[EB/OL].（2019）. https://ec.europa.eu/digital-single-market/en/news/ethics-guidelines-trustworthy-ai.

[90] OECD.OECD Principles on AI[EB/OL].（2019）. https://www.oecd.org/going-digital/ai/principles/.

[91] HALE T. How much data does the world generate every minute? [EB/

OL].（2017）. https://www.iflscience.com/technology/how-much-data-does-the-world-generate-everyminute/.

[92] KHVOYNITSKAYA S. The future of big data: 5 predictions from experts for 2020-2025[EB/OL].（2018）. https://www.itransition.com/blog/the-future-of-big-data.

[93] Statista. A minute on the internet in 2019[EB/OL].（2019）. https:// www.statista.com/chart/17518/internet-use-one-minute/.

[94] KOPERNIAK S. Artificial data give the same results as real data – without compromising privacy[EB/OL].（2017）. http://news.mit.edu/2017/artificial- data-give-sameresults-as-real-data-0303.

[95] MARR B. Artificial intelligence: the clever ways video games are used to train AIs[EB/OL]. https://www.bernardmarr.com/default.asp?content ID= 1513.

[96] HAWKINS A. Waymo's autonomous cars have driven 8 million miles on public roads[EB/OL].（2018-07-20）. https://www.theverge.com/2018/7/20/17595968/waymo-self-drivingcars-8-million-miles-testing.

[97] ResearchLive. Amazon forecast tool launched[EB/OL].（2019）. https://www.research-live.com/article/news/amazon-forecast-tool-launched/id/5058012.

[98] MORRIS E. How a Brazilian bank pays personal attention to each of

their 65 million customers[EB/OL]. https://www.ibm.com/watson/stories/bradesco/.

[99] Wipro. Wipro HOLMES helps insurer detect 98% of fraud claims [EB/OL]. https://www.wipro.com/holmes/holmes-helps-insurer-detect-98—of-fraud-claims-/.

[100] MARR B. How artificial intelligence can help fight world hunger [EB/OL].（2018）. https://sapinsider.wispubs.com/Assets/Articles/2018/January/How-Artificial-Intelligence-Can-Help-Fight-World-Hunger.

[101] HALLOTAN T. How Atlassian went from 10% female technical graduates to 57% in two years[EB/OL].（2017）. https://textio.com/blog/how-atlassian-went-from-10-female-technicalgraduates-to-57-in-two-years/13035166507.

[102] KASHYAP S, GATTIKER A. Clarifying the complex with a 'simpler voice' [EB/OL].（2017）. https://www.ibm.com/blogs/think/2017/07/simpler-voice/.

[103] POLAKOVIC G. The next big effort in AI: keeping LA's water flowing post-earthquake [EB/OL].（2019）. https://news.usc.edu/160680/ai-la-water-supply-earthquake-usc-research/.